本著作受到国家自然科学基金资助，项目号 5127

超音速火焰喷涂
技术及应用

查柏林　　王汉功　　袁晓静　著

国防工业出版社
·北京·

内 容 简 介

本书主要介绍了多功能超音速火焰喷涂的系统设计与试验,耐磨 WC – Co 涂层的性能与应用,吸波涂层的制备与性能,自润滑 Ni – MoS$_2$ 复合涂层的制备与摩擦学特性,耐蚀玻璃涂层的制备与性能,铜涂层的制备及性能等。

图书在版编目(CIP)数据

超音速火焰喷涂技术及应用/查柏林,王汉功,袁晓静著. —北京:国防工业出版社,2013.7
ISBN 978-7-118-08718-5

Ⅰ.①超…　Ⅱ.①查…②王…③袁…　Ⅲ.①超音速 – 火焰喷涂　Ⅳ.①TG174.442

中国版本图书馆 CIP 数据核字(2013)第 045965 号

※

*国防工业出版社*出版发行
(北京市海淀区紫竹院南路 23 号　邮政编码 100048)
北京嘉恒彩色印刷责任有限公司
新华书店经售

*

开本 710×1000　1/16　印张 11½　字数 224 千字
2013 年 7 月第 1 版第 1 次印刷　印数 1—2500 册　定价 48.00 元

(本书如有印装错误,我社负责调换)

国防书店:(010)88540777　　发行邮购:(010)88540776
发行传真:(010)88540755　　发行业务:(010)88540717

前　言

超音速火焰喷涂焰流速度高,温度适中,适宜于碳化物金属陶瓷涂层的制备。喷涂过程中,极高的粒子速度有利于获得高的涂层致密度和结合力,同时,低的焰流温度可有效地减少硬质相碳化物的分解,制备的涂层能较好地保持陶瓷原有的良好的耐磨性。超音速火焰喷涂按助燃剂可分为氧燃料超音速火焰喷涂 HVOF(High Velocity Oxygen Fuel)和空气燃料超音速火焰喷涂 HVAF(High Velocity Air Fuel),两者工作原理基本相同,HVOF 采用氧气助燃,而 HVAF 采用空气助燃。

作者所在的科研团队提出了"多功能超音速火焰喷涂技术",可以使用氧气、空气及氧气与空气的混合气体作为助燃剂,实现焰流速度和温度在大范围内的连续可调,从而满足多种喷涂材料的要求。专利技术于 2001 年开发成功,经过 1 年多的改进提高,于 2003 年在军内外推广应用。随后,作者所在科研团队又进行了"低温超音速火焰喷涂技术"的开发以及功能涂层的制备与性能研究,本书是十余年研究工作的总结。

全书共 8 章,重点介绍多功能超音速火焰喷涂技术的设计、试验和应用情况。前两章介绍多功能超音速火焰喷涂技术以及低温超音速火焰喷涂技术;第 3 章介绍应用多功能超音速火焰喷涂技术制备的 WC – Co 耐磨涂层的性能研究,重点介绍涂层的磨粒磨损性能与冲蚀磨损性能;第 4、5 章主要介绍常温和耐高温吸波涂层,重点介绍两类吸波涂层的性能和制备工艺,以及加入相粒子的浓度对涂层吸波性能的影响;第 6 章介绍 MoS_2 自润滑涂层制备及性能研究,重点介绍涂层的摩擦磨损性能以及磨屑的研究及分形处理;第 7 章介绍玻璃耐蚀涂层的制备与性能研究;第 8 章介绍导电导热铜涂层的制备与性能研究。

本书的研究工作得到了徐滨士院士、周克崧院士的鼓励和支持,得到了总装备部和第二炮兵装备部机关的指导和帮助,得到了积极推广该技术的军地用户的厚爱和理解,在此一并表示衷心地感谢!

由于作者水平有限,书中不足与错误敬请读者批评指正。

作者
2013 年 2 月

目　录

第一章 绪 论

1.1 超音速火焰喷涂技术

超音速火焰喷涂基于高粒子速度获得高性能涂层的思想,采用高效燃烧室与拉伐尔喷嘴,将焰流的速度提高到马赫数 2 以上,速度高而温度适中,在制备合金和金属陶瓷涂层领域有很大的优势,工业中应用广泛。超音速火焰喷涂特别适合金属陶瓷涂层的制备,结合强度高,孔隙率低,耐磨损性能优越,与爆炸喷涂相当,优于等离子喷涂,也优于电镀硬铬层。但是,与等离子喷涂相比,其焰流温度相对较低,难以制备高熔点氧化物陶瓷涂层。

按助燃剂的不同,超音速火焰喷涂技术可分为两大类:氧燃料超音速火焰喷涂,即 HVOF(High Velocity Oxygen Fuel Spray);空气燃料超音速火焰喷涂,即 HVAF(High Velocity Air Fuel Spray)。相对来说,HVOF 采用氧气助燃,焰流具有高温高速的特点,而 HVAF 采用空气助燃,焰流具有低温高速的特点。图 1.1 为 HVOF 原理图,采用煤油为燃料,氧气为助燃剂,径向送粉。

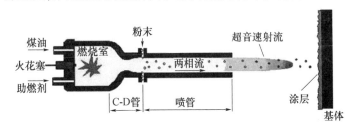

图 1.1 超音速火焰喷涂原理图

Jet – Kote 于 1982 年开发成功,1985 年在工业中得到应用,标志着 HVOF 喷涂技术的形成。爆炸喷涂层性能的优异性和对专利技术的长期保护,在一定程度上促进了 HVOF 喷涂技术的产生。HVOF 喷涂技术作为近三十年来热喷涂领域最有影响的喷涂技术,大致经历了四代的发展。

第一代的 HVOF 喷涂系统以"Jet – Kote"喷枪为代表,氧气和燃气在燃烧室中燃烧,高温气体(约 2800℃)通过一定角度环形分布的内孔到达枪筒。粉末沿轴向送进枪筒内孔中心,高温气体加热粉末并将其加速喷出枪筒,燃烧室和枪筒都采用水冷,粒子的速度和温度可达到 450m/s 和 2000℃以上。

第二代超音速火焰喷涂系统以 1989 年出现的 Diamond Jet 和 Top – Gun 为

代表。1989 年 Diamond Jet 由美国 Sulzer Metco 公司研制成功,它的特点是压缩空气冷却、无燃烧室和收缩喉管燃烧,与火焰丝材喷枪结构类似。由于无燃烧室和采用高压气体冷却枪筒,使粉末粒子的加热加速受到影响,而且空气中氧的吸入会增加涂层的氧化而影响涂层质量,其优点是结构简单、重量轻,适用于喷涂粒度均匀的细粉,但喷涂效率较其他喷枪低。Top - Gun 喷涂系统,可以使用高压燃气和压力较低的乙炔气体,火焰温度较高,实现了高熔点材料如氧化物陶瓷、难熔金属钼等的喷涂。Top - Gun 喷枪获得的粒子速度和温度范围分别为300 ~ 450m/s 和 2000 ~ 2500℃。第一、第二代喷枪的喷涂功率约为 80kW,送粉量为 2.1 ~ 3.0kg/h,且其涂层性能基本相近。

第一代和第二代 HVOF 喷涂设备使用的燃料为气体燃料,包括乙炔、氢气、丙烷等。气体燃料安全性相对较差,给生产带来不便,喷枪燃烧室的压力较低,限制了焰流的速度。第三代超音速火焰喷涂设备中,已开始使用煤油作燃料,具有挥发性低、安全性高、易于储存搬运、成本低等优点,且燃烧室压力高,与气体燃料相比,焰流速度得到提高,涂层性能得到进一步改善。

第三代 HVOF 喷涂系统以 1992 年研制成功的 JP - 5000 型喷枪为代表,从1993 年到 1995 年出现了数种喷涂系统,这些系统大多有一个较大的燃烧室或一个较长的枪管,在高的燃气流量、氧气流量和燃烧室压力下工作,可产生比第二代 HVOF 喷枪更高的粒子速度。DJ2600 和 DJ2700,粉末轴向送入焰流;而JP5000 喷枪,粉末径向送入燃烧室与喷嘴连接的喉部扩张部位,粉末粒子不经过燃烧室,可减少碳化物的分解。第三代 HVOF 喷涂系统,火焰喷涂效率较高,其喷涂速率达到 6 ~ 8kg/h,为其他轴向送粉的 2 倍。同时,粒子的速度可达600 ~ 800m/s。由于高的粒子速度可使涂层中产生压应力,因此能制备较厚的涂层。

第四代超音速火焰喷涂技术引入了计算机信息处理、人机接口、质量流量控制等先进技术,提高了设备的可操作性,确保了涂层质量的稳定性和可重复性。在硬件系统上,第四代超音速火焰喷涂的控制系统有较大的改进与提高,而喷枪、冷水机组、送粉器等与第三代基本相同。第四代超音速火焰喷涂的典型代表有 TAFA 开发的 JP - 8000 和 Sulzer Metco 开发的 EvoCoat™ - LF 系统。JP - 8000 是 JP - 5000 系统的下一代产品,在硬件上采用了 PLC、触摸屏、质量流量控制,控制台采用抽屉式设计,方便维修,并开发了功能强大的人机界面(HMI),具有喷涂过程闭环控制、工艺参数存储、系统自诊断与维护管理、密码保护等特征。EvoCoat™ - LF 在硬件上也采用了 PLC、触摸屏、质量流量控制,控制台采用分区设计,使电气控制与燃料、氧气隔离,提高了系统的安全性,具有喷涂过程闭环监控、工艺参数存储、火焰探测、快速启动、多级报警、网络连接等功能。图 1.2 为EvoCoat™ - LF 的控制台与触摸屏人机界面。

尽管 HVOF 技术有多种不同的设备,但它们有共同的特点:无论是喉管式

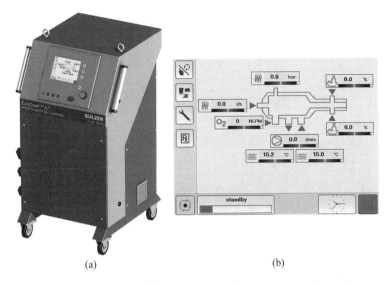

图 1.2　EvoCoat^{TM} - LF 的控制台与触摸屏人机界面

（a）控制台；（b）人机界面。

还是腔膛式喷枪,都有一个有限的几何空间构成燃烧区域,燃料与氧气在有限的空间进行高强度的燃烧,使气体高速膨胀,形成高压,燃烧产物在高压驱动下形成高速气流,以两倍马赫以上的高速通过长度不同的枪管冲出枪外;火焰温度相对较高,燃烧室温度通常为 2900 ~ 3100℃;粒子的速度很高,涂层与基体的结合强度高,对 WC - Co 涂层来说,可达到 150MPa 以上;涂层孔隙率低,通常为 3% 以下,甚至小于 1%;涂层硬度高,残余应力小,可喷涂厚涂层;涂层制备过程中,受焰流的热影响,部分 WC 出现了分解脱碳。

与 HVOF 不同,HVAF 使用空气而不是氧气作为助燃剂,它的原理与 HVOF 相似,压缩空气与燃料在燃烧室内混合,火花塞点火燃烧,氮气将粉末送入焰流,高速飞行的粒子冲击基体表面形成致密的涂层。由于 HVAF 采用空气,而不是氧气,降低了生产成本。HVAF 焰流的温度比 HVOF 低,有部分学者研究表明,在喷涂 WC 系陶瓷涂层时 WC 几乎不分解,避免了涂层中脆性相 W_2C 的形成,提高了涂层性能,特别是涂层的韧性、耐磨、耐冲击等性能比 HVOF 有所提高,目前这个结论在国内还没有达成一致,有待工程实践与应用的检验。

近年来,以 AC - HVAF 为代表的超音速火焰喷涂技术在工业中得到成功应用,该技术可以制备金属陶瓷及高性能金属、合金涂层。AC - HVAF 使用的主气为丙烷、丙烯或者天然气,次气为氢气,压缩空气和主气的混合物通过多孔陶瓷片进入燃烧室,经由火花塞初始点燃混合气体后,该陶瓷片被加热到混合气体的燃点以上,然后持续点燃混合物,喷涂粉末预先与次气混合,轴向注入燃烧室,在燃烧室被加热、加速进入喷嘴,喷向基体撞击形成涂层。通过调整主气和次气的流量,可以控制喷涂粒子的温度,涂层工艺设计提供方便。

1.2 冷喷涂技术

经过几十年的发展,热喷涂作为一种结构与功能涂层的制备技术,已形成比较成熟的体系,在工业中成功应用的方法有等离子喷涂、超音速火焰喷涂、爆炸喷涂、电弧喷涂、火焰喷涂等,能制备的涂层包括金属、合金、陶瓷及部分高分子材料,这些涂层的应用,解决了很多材料领域的难题,包括耐磨、耐蚀、隔热、抗氧化等,在很多行业应用广泛,特别是在航空航天、机械制造、冶金、水利电力、机械维修等行业,产生了很好的应用效果。

传统的热喷涂技术使用的热源主要有气体放电热源(包括电弧、等离子体)与燃烧火焰,温度都比较高,电弧的温度达 5000℃以上,等离子体的温度更是高达 16000℃,燃烧火焰随燃料不同,温度有所变化,但也均高于 2000℃。丝状、棒状或粉末状的喷涂材料经过热源的加热(丝状与棒状材料还有雾化过程)后,熔化或软化,高速飞向基体表面沉积形成涂层。由于材料要经过高温热源加热,材料的特性将会发生改变,包括氧化、分解、相变等,部分改变了喷涂材料的原有性能,影响了涂层质量,如电弧喷涂锌、铝防腐涂层时,氧化物含量通常高于 5%,超音速火焰喷涂 WC – Co 涂层时,WC 发生分解,传统的热喷涂技术在保持喷涂原材料的成分与结构方面遇到了困难。

冷喷涂技术可有效地解决热喷涂技术的这一难题,由于冷喷涂的热源温度相对较低,远低于材料的熔点,喷涂时材料只是软化,避免了氧化、分解与相变等问题。冷喷涂(Cold Spray,CS),又称冷空气动力学喷涂法(Cold Gas Dynamic Spray Method,CGDSM 或 CGDS、CGSM)。该技术最初在 20 世纪 80 年代中期,由当时的苏联科学院理论及应用力学研究所的学者 Papyrin 等人提出。20 世纪 90 年代以来,冷喷涂技术在世界范围得到了很大的发展。例如美国、欧洲分别于1994 年、1995 年出现了冷喷涂专利,俄罗斯科学院理论及应用力学研究所(The Institute of Theoretical and Applied Mechanics of the Russian Academy of Science)、Sandia 国家实验室(Sandia National Laboratories)、宾夕法尼亚大学(the Pennsylvania State University)、ASB 公司、University of Bundeswehr 等研究机构都进行了有关研究,目前研究集中在喷涂中的气体动力学、高速碰撞的物理模型、喷涂材料以及工艺研究优化等。国内,大连理工大学、西安交通大学、中国科学院沈阳金属研究所相继研制冷喷涂设备。

冷喷涂技术的原理如图 1.3 所示,它利用专门的电加热设备将氮气、氦气等惰性气体加热,依据喷涂材料的不同,温度范围为 100 ~ 500℃,加热后的气体进入喷枪,经拉伐尔喷嘴加速至超音速,喷涂粉末材料高压轴向送入喷枪,经加热加速后,喷向工件表面形成涂层。

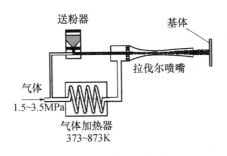

图 1.3　冷喷涂原理图

冷喷涂层具有氧化物含量低、涂层热应力低、硬度高、喷涂层厚度大等优点。冷喷涂实际上是一种低温喷涂，与传统的热喷涂特征不同，喷涂的粉末达不到熔化状态，只是达到软化状态，因此冷喷涂要求喷涂粒子的速度很高，如德国汉堡大学测得镍粒子的临界速度为 640m/s，镍基合金粒子的临界速度为 750 ~ 800m/s。冷喷涂技术可以制备氧化物极少，甚至是无氧化物的涂层。

通常认为，冷喷涂适用于有一定塑性的材料涂层的制备，如纯金属、合金、高分子材料以及复合材料等，近年来，也有冷喷涂制备 WC – Co 涂层的成功实例。特别是由于粒子加热温度低，基本无氧化，适用于对温度敏感(纳米、非晶等)、对氧化敏感(Cu、Ti 等)和对相变敏感(金属陶瓷)材料的涂层制备。由于高速粒子碰撞时对基体或涂层表面强烈的喷丸效应，涂层内一般处于压应力状态，有利于沉积厚涂层。而且，由于粉末没有经历与热喷涂一样强烈的热过程，基本不发生组织结构的变化，未沉积的粒子也可以回收利用。冷喷涂技术为了获得高的粒子速度与沉积效率，要求粉末粒子粒度及其分布范围小，一般为 10 ~ 45μm。

与传统喷涂技术相比，冷喷涂技术具有以下特点：

(1) 粒子速度具有临界值，低于临界速度的粒子不能在基体上沉积形成涂层，铜、钛粒子的临界速度分别为 550m/s 和 800m/s；

(2) 气源压力高，范围为 1.5 ~ 3.5MPa；

(3) 需要大功率电加热设备加热惰性气源；

(4) 采用轴向高压送粉，需要高压送粉器。

图 1.4 为工业型冷喷涂设备安装图，包括喷枪、控制柜、送粉器及气体回收增压装置。该系统使用氦气作为工作气体，由于价格昂贵，系统中增加了气体回收装置。图 1.5 为喷枪的实物图，由图可知，喷枪供气管上有隔热套，并有测压与测温装置。

冷喷涂技术目前还没有得到大量应用，但是，由于其涂层能较好保留喷涂原材料的特性，潜在的应用领域很多，高性能的铜涂层可应用于导电导热，锌涂层可用于腐蚀防护，镍与镍合金涂层可用于高温腐蚀防护。表 1.1 为不同方法制备的铜材的电阻率，由表可知，在喷涂方法中，冷喷涂铜涂层的电阻率最低，相应地，其导热性能是最好的。

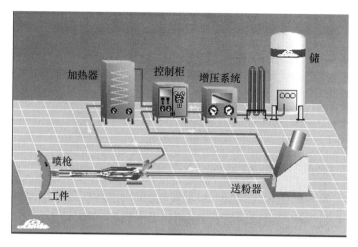

图 1.4　冷喷涂设备安装图

图 1.5　喷枪实物图

表 1.1　不同方法制备的铜材的电阻率

制备方法	电阻率/(μΩ·cm)	制备方法	电阻率/(μΩ·cm)
冶炼	1.68	电弧喷涂	3.05
硬拔	1.77	等离子喷涂	5.45
冷喷涂	2.39		

　　图 1.6 是应用冷喷涂技术为火箭发动机热端部件制备导热涂层。该热端部件靠近燃烧面,易受高温燃气的热影响,为避免过热失效,试图通过电镀的方法在其表面制备厚为 1.27mm 的铜镀层,将热量迅速导走,以减小热负荷,但由于厚度太大,镀层结合强度不能满足要求。通过冷喷涂在该部件表面喷涂铜涂层,厚度为 1.27～2.54mm,涂层与部件结合力高,涂层磨削后还可以再钻孔加工。

　　铜涂层另一个典型的应用是集成电路与散热器之间的高效导热涂层,如图 1.7 所示。铜涂层作为电的良导体,还能用于电磁屏蔽,以防止电磁干扰,图 1.8 是冷喷涂铜涂层用于塑料机架电磁屏蔽的实例。

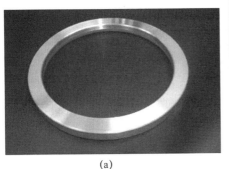
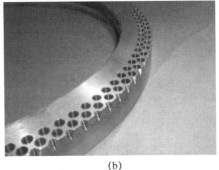

(a)   (b)

图1.6 冷喷涂制备导热涂层

(a) 喷涂磨削后;(b) 钻孔加工后。

图1.7 冷喷涂制备集成电路导热涂层   图1.8 冷喷涂铜涂层用于
塑料机架电磁屏蔽

冷喷涂制备的铝涂层可用于过渡层,钛涂层可用于快速成型,近年来,冷喷涂已开始成功制备金属陶瓷涂层,随着研究的深入,冷喷涂在工业中的应用将会占有一席之地。

1.3 低温超音速火焰喷涂技术的提出

涂层的性能与粒子沉积前的状态密切相关,包括粒子的速度、温度与熔化状态,不同喷涂方法得到的粒子速度与气流温度如图1.9所示。由图可知,在粒子速度范围的上限,超音速火焰喷涂与冷喷涂最为接近,超音速火焰喷涂粒子速度可达800m/s左右,而冷喷涂可达1200m/s左右,一般来说,在冷喷涂中,粒子形成涂层的临界速度为450~800m/s。在焰流温度方面,相对来说,超音速火焰喷涂的焰流温度也较低,经过拉伐尔喷嘴的加速降温后,焰流的温度一般低于2600℃,而冷喷涂的气流温度通常为100~600℃。

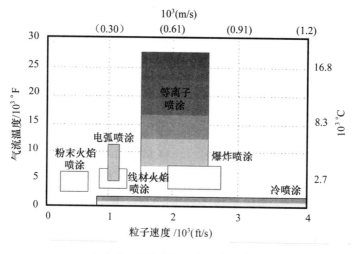

图1.9　各种喷涂技术的特征参数

由以上分析可知,在各种喷涂方法中,超音速火焰喷涂与冷喷涂最为接近,它们有一个共同的特点——高粒子速度,因此,可以作一个设想,如能将超音速火焰喷涂的焰流温度降至冷喷涂的范围,同时保持其超音速的特性,即通过焰流的改性,将焰流的速度保持在超音速,温度调整低于1000℃,由此形成低温超音速火焰喷涂,部分具备冷喷涂的功能,以拓展超音速火焰喷涂的涂层制备范围。

由空气动力学和火箭发动机原理可知,以煤油为燃料的超音速火焰喷涂技术,煤油与氧气的供给压力大,雾化燃烧之前的系统压降大,对其焰流进行处理,从理论与工程实践来看,容易保证火焰燃烧的稳定性,而以煤油为燃料的超音速火焰喷涂技术本身的调节范围就较大,因此,超音速火焰喷涂焰流的低温化有较大的可行性。

对焰流进行降温处理有两种途径,一种是在焰流中注入大量的氮气,由氮气吸收燃烧火焰的热量,但同时保证燃烧室有足够的压力形成膨胀比压,使焰流保持超音速;另一种是在焰流中注入水,通过水的蒸发对焰流进行降温。这两种方式,以第一种方式较好,由于燃烧与加速都是紊流,氮气易于与焰流混合,形成均匀的喷涂射流,而且,氮气比水的可控性好。

经过大量的理论分析与工程实践,第二炮兵工程大学以火箭发动机技术为基础,研制了以航空煤油为燃料的多功能超音速火焰喷涂技术(HVOF/HVAF),具备氧气与空气助燃的功能,并通过对焰流的改性处理,获得了低温超音速火焰喷涂技术,部分具备冷喷涂的功能,在高分子、金属、合金、金属陶瓷涂层的制备领域获得广泛的应用。

第二章　多功能超音速火焰喷涂技术

多功能超音速火焰喷涂技术能满足多种喷涂材料的要求,其制备的涂层结合强度高、孔隙率低,可制备耐磨、耐蚀、导热、绝缘、导电、密封等涂层,在机械制造、航空航天、水利电力、矿山冶金、石油化工、造纸皮革等领域有广阔的应用前景。

2.1　多功能超音速火焰喷涂系统总体设计

多功能超音速火焰喷涂系统总体设计如图 2.1 所示。

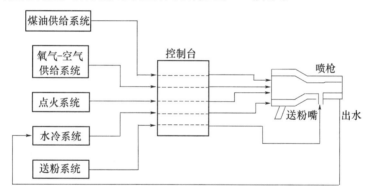

图 2.1　多功能超音速火焰喷涂系统示意图

系统基本原理是:利用煤油为燃料,氧气、压缩空气为助燃剂,控制系统将煤油和助燃剂(氧气、压缩空气、氧气与压缩空气的混合气)以一定的压力和流量输送到喷枪,经高性能雾化喷嘴雾化混合成可燃液雾后喷入喷枪燃烧室,液雾经火花塞点火燃烧后形成高温高压的燃气,通过拉伐尔喷嘴将其加速到超音速。送粉系统将喷涂粉末从拉代尔喷嘴的低压区送入超音速焰流,经焰流加温加速后从喷枪喷出,高速喷向工件表面沉积形成涂层。

多功能超音速火焰喷涂系统的总体设计方案如下:

燃料:煤油;

助燃剂:氧气,压缩空气,压缩空气与氧气的混合气体;

雾化方式:高性能射流雾化;

燃烧方式:高压燃烧;

点火方式:大功率电点火;

送粉方式:径向送粉;

送粉载气:氮气;

冷却方式:冷水机组强制冷却。

多功能超音速火焰喷涂采用液体煤油,它不能直接与氧气和压缩空气燃烧,必须经过雾化,形成均匀的液雾,否则将降低燃烧效率与热值,并造成点火的困难,因此,系统应设计专门的雾化装置,采用射流雾化。

煤油与氧气是非自燃的,应设计专门的点火系统,将雾化后的煤油点燃,考虑到枪内电点火方便快捷,选用电点火。

超音速火焰喷涂的特点是:高压燃烧室—高焰流速度—高质量涂层。煤油的燃烧必须在特定的燃烧室内完成,以形成一定的压力,考虑到加工工艺和燃烧特性,采用桶形燃烧室。

多功能超音速火焰喷涂的材料是粉末,所以必须配置送粉系统,使粉末与载气混合成流态,并送入超音速焰流,进行加热加速。送粉方式有轴向送粉与径向送粉两种,在多功能超音速火焰喷涂中,燃烧室压力较高,轴向送粉将造成较高的送粉载气压力,在拉伐尔喷嘴扩张段的后端,焰流压力较低,在此区域采用径向送粉将降低送粉系统的载气工作压力,并能使粉末在焰流中均匀分布。

喷枪完成燃料燃烧、燃气加速及粉末的加热加速,燃烧室温度高达 3000℃ 左右,如果得不到有效的冷却,喷枪很快就会烧蚀,所以必须对枪体进行强制冷却。

整个喷涂系统可以分为四部分:喷枪、控制系统、送粉系统、水冷系统。

多功能超音速火焰喷涂系统设计的一个基本参数是喷枪的功率,它将决定喷枪的喷涂效率,且是其他设计参数的基础。

1kg 煤油与氧完全燃烧,生成 CO_2 和 H_2O,放出约 10870kcal(1cal = 4.182J) 的热量。

初步确定喷涂系统在 HVOF 喷涂条件下煤油的流量为 24L/h,喷枪功率计算如下:

$$P_{HVOF} = q_v \rho_f Q \qquad (2.1)$$

式中　q_v——煤油体积流量;

　　　ρ_f——煤油密度;

　　　Q——煤油的燃烧热值。

计算所得的 P_{HVOF} 为 242.7kW/h。

喷涂系统的 HVAF 状态可通过两种方式实现,一种是压缩空气;另一种是通过氧气与氮气的混合气体形成"空气"。由于受空压机的限制,压缩空气压力小于 0.8MPa,流量小于 6m³/min,因此,在 HVAF 状态下,煤油的设计流量为 6L/h。同理,可计算出此时的喷枪功率为 60.6 kW/h。

氧气和压缩空气可按比例调节,喷涂系统在 HVOF 和 HVAF 两个工作状态之间连续可调,即喷枪的功率可在60.6 kW/h 和242.7kW/h 之间调节。根据喷枪的功率,喷枪的设计参数确定如下。

煤油与氧气燃烧喷涂状态(HVOF)为:

燃烧室压力:0.88MPa;

煤油压力:1.5 MPa;

煤油流量:24L/h。

煤油与压缩空气燃烧喷涂状态(HVAF)为:

燃烧室压力:0.6MPa;

煤油压力:1.5 MPa;

煤油流量:6L/h。

多功能超音速火焰喷涂系统在 HVOF 和 HVAF 两个喷涂状态之间连续调节,以实现焰流速度和温度的调节。

2.2 多功能超音速火焰喷涂系统喷枪总体设计

喷枪是喷涂系统的关键,喷枪内完成雾化、燃烧、加速、加热和喷射等功能。煤油与助燃剂在喷枪内雾化后点火燃烧产生高温高压的燃气,枪内的拉伐尔喷嘴将燃气加速到超音速,喷涂粉末从拉伐尔喷嘴后端的低压区送入射流,加热加速后从喷枪喷出。

为了易于装拆和维护,喷枪采用二腔四段式结构,包括燃气腔和冷却水腔,分为头部、燃烧室段、送粉段和加长喷管段。高温燃气在喷枪的内腔高速流动,为了防止喷枪内壁发生烧蚀,低温水在喷枪的外腔循环冷却枪体。喷枪主要由射流雾化喷嘴、燃烧室、拉伐尔喷嘴、送粉嘴、加长喷管、冷却套以及油管、气管、水管接头组成。图2.2、图2.3 分别为喷枪的实物和结构示意图。

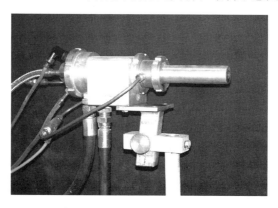

图2.2 多功能超音速火焰喷涂系统喷枪实物图

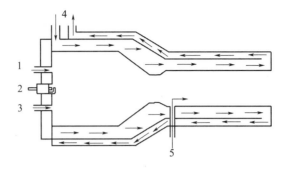

图 2.3　多功能超音速火焰喷涂系统喷枪结构示意图

1—煤油；2—火花塞；3—氧气；4—冷却水；5—粉末。

2.3　雾化特性分析与雾化喷嘴的设计

在多功能超音速火焰喷涂系统中,煤油与氧的雾化对喷枪的燃烧性能有决定性的作用。雾化效果不好,可燃液雾难以形成,将造成系统点火的困难。焰流的速度和温度主要取决于燃烧的准备过程,即雾化过程。雾化越充分,液雾表面积越大,越易蒸发,可燃混合气越易形成,燃烧越完全,产生的热量越多,燃烧室的压力越高,焰流的速度越高,对喷涂粒子的加速与加温效果越好,有利于获得高质量的涂层。

2.3.1　雾化特性分析

在多功能超音速火焰喷涂系统中,为了使煤油雾化,必须经过雾化喷嘴的喷射,喷射的作用为:

(1) 使煤油通过喷嘴展开成薄膜或射流;

(2) 获得煤油与助燃剂(氧气、压缩空气、压缩空气与氧气的混合气体)之间的相对速度差,其速度差会形成气动压力。

煤油射流或薄膜不可避免地要经受扰动。扰动是由于射流紊流、周围气体的气动力作用、液体中的夹杂气体、喷枪的振动等因素引起的。扰动使薄膜或射流产生变形,特别是在气动压力和表面张力作用下,使得表面变形不断加剧,以致射流或薄膜产生分裂,形成液滴或不稳定的液带,液带随之也破裂成液滴。最后,若液滴上的作用力相当大,足以克服表面张力时,较大的液滴就会破裂成较小的液滴,这种现象称为"二次雾化"。雾化通常分为射流雾化和液膜雾化两种。

1. 射流雾化

射流雾化分为低速射流雾化与高速射流雾化两种。低速射流雾化时,射流破碎是由于受到不稳定的扰动。当扰动增大到一定的程度时,射流就会破碎成液滴群。当扰动波的波长和射流初始直径之比 $\lambda/d_h = 4.51$ 时,扰动增长率最大,可使液体流束破碎成液滴,且液滴平均直径为 $1.89d_h$。在低速喷射时,射流在较长的扰动波作用下破碎,而且液滴的平均直径总是和射流初始直径成正比。黏性射流最大不稳定性的 λ/d_h 值可按式(2.2)计算:

$$\frac{\lambda}{d_h} = 4.44\left(1 + \frac{3\eta_k}{\sqrt{\rho_f \sigma_k d_h}}\right)^{0.5} \qquad (2.2)$$

式中 η_k——煤油的动力黏度;

       σ_k——煤油的表面张力;

       d_h——雾化喷嘴出口直径。

而煤油液滴的平均直径可用式(2.3)表示:

$$\overline{d}_k = 1.88d_h\left(1 + \frac{3\eta_k}{\sqrt{\rho_f \sigma_k d_h}}\right)^{\frac{1}{6}} \qquad (2.3)$$

式中 $\overline{d}_k$——煤油液滴的平均直径。

高速射流雾化的机理为:在高速射流雾化中,射流的紊流和作用在射流表面的气动力起主要作用,形成短波扰动,从而引起部分流体不断从射流表面剥离而形成细小的液滴。随着射流速度的增加,会在波长较短的扰动波的作用下产生射流破碎,而且比低速射流破碎得更快,形成的液滴更细。高速射流雾化时,液滴从射流表面分离的时间比低速射流时整个流束破碎的时间短得多,几乎是在射流喷出后就立即开始雾化,并在整个射流长度上连续进行。

2. 液膜雾化

在液膜雾化中,当流速较低时,气动力作用不大,主要是液体表面张力及惯性力起作用,从离心喷嘴喷出的空心锥形液膜具有向外扩张的惯性,而表面张力克服不了此惯性,于是液膜继续向外扩张,液膜越来越薄,同时,表面张力形成的表面位能也越来越高,使液膜越不稳定,最终,液膜破裂成液丝或液带,并在表面张力作用下继续分裂成液滴;流速较大时,除了表面张力、惯性力及黏性力起作用外,由于相对于周围气体的运动速度加大,气动力对液膜的作用也加大,致使液膜扭曲和起伏形成波纹,继而形成液滴;当流速很大时,液体离开喷口就立即雾化。

3. 煤油液滴二次雾化

所谓二次雾化,是指从射流分离后形成的煤油液滴在气体介质中运动时,会继续分裂成更细小的液滴的现象。液滴在气体中运动时,主要受到两种力的作用:一为气动压力,使液滴变形破碎;二为表面张力,使其维持原状。当液滴直径较大、运动较快时,气动压力就可能大于表面张力,使液滴发生变形,继而分裂成更小的液滴。二次破裂所需的气动力条件可用韦伯数(We)表示:

$$We = \frac{\rho_a w^2 d_k}{\sigma_k} \qquad (2.4)$$

式中　w——液滴与雾化气体的相对速度；

　　　ρ_a——雾化气体密度；

　　　d_k——煤油液滴直径。

韦伯数的物理意义即气动压力与液体表面张力之比,液滴开始变形、破碎时的韦伯数称为临界韦伯数。当 We 大于 14 时,大液滴破碎为小液滴。韦伯数越大,破碎的液滴就越细。煤油经过雾化喷嘴雾化后,进入喷枪的燃烧室,在燃烧室的头部,大液滴可能进一步雾化为小液滴。

4. 雾化的影响因素

1) 喷嘴形式和喷口尺寸

一般离心式喷嘴的雾化较细,喷雾角较大,故雾化质量较高。单个直流式喷嘴雾化较粗,喷雾角小。但离心式喷嘴结构复杂、尺寸大,要求燃烧室直径大。而采用两股或多股射流相击的直流式喷射单元,在适当的撞击角下,其雾化质量也能满足要求。因此,采用何种喷嘴类型,应视雾化质量的要求和燃烧室设计尺寸而定。对同一类型的喷嘴而言,喷孔越小,射流越细,雾化效果越好。

2) 喷嘴压降

喷嘴压降越大,射流的出口流速也越大,因而紊流度和韦伯数就大,这有利于射流和液滴的破裂,对雾化有利。但在压降超过一定值后,液雾平均直径下降不明显。

3) 氧、空气与煤油的性质

氧与煤油的密度、黏度及表面张力对雾化有直接影响。试验证明,密度、黏度、表面张力越大,雾化质量越差。

4) 燃烧室压力和温度

燃烧室压力对液滴平均直径有两方面的影响:由于燃烧室压力增高,燃气密度增加,使促进雾化的气动力增加;但燃烧室压力的增加使煤油射流或液膜遇到的阻力增加而引起气体的相对速度下降,又使气动力降低。喷雾试验数据表明,燃烧室压力越大,液雾直径越小,但压力过高,雾化过细,也会引起小液滴的结合。当燃烧室温度增高时,液滴温度增高,从而使液滴的黏度和表面张力下降,将提高雾化效果。

2.3.2 雾化喷嘴的设计

根据雾化的基本类型,射流雾化可采用射流雾化喷嘴,液膜雾化则采用离心式喷嘴,离心式喷嘴结构较复杂,加工难度较大,在喷枪的头部安装较困难,射流雾化喷嘴结构相对简单,加工安装方便,因而,多功能超音速火焰喷涂系统设计了独特的高性能射流雾化喷嘴。从煤油破碎的物理过程来看,基本上属于射流雾化,同时又有射吸作用促进雾化。射流雾化喷嘴的结构如图2.4所示。射流雾化喷嘴的原理为:氧气从喷嘴的顶端进入混合室,煤油从喷嘴侧面的两个(或多个,视流量而定)喷孔按一定的角度进入混合室,在混合室内雾化混合,然后从喷口喷出,进入燃烧室,参与燃烧过程。喷嘴的结构参数主要有:氧气入口直径 d_1、煤油入口直径 d_2、混合室直径 d_3、混合室长度 L、煤油入口角度 α_1 等。它们对喷嘴的雾化性能都有显著的影响。氧气入口直径和煤油入口直径保证在一定的压差下,通过相应流量的氧气和煤油,保证燃烧时的油气混合比。适当的煤油入口角度保证煤油射流与氧气射流间强烈的破碎作用,适当的混合室长度和直径保证良好的雾化混合,并促进燃烧的稳定性。

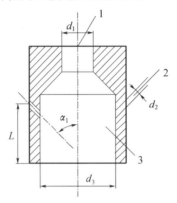

图 2.4　射流雾化喷嘴示意图
1—氧气入口;2—煤油入口;3—混合室。

　　多功能超音速火焰喷涂系统在点火阶段时,煤油、氧气的流量与压力都较小,属于低速射流雾化。在喷涂阶段时,煤油、氧气的流量与压力较大,属于高速射流雾化。试验证明,无论是在点火阶段,还是在喷涂阶段,雾化喷嘴都能产生良好的雾化效果,从喷枪喷出的射流都能形成分布均匀的液雾。多功能超音速火焰喷涂系统能产生良好的雾化效果,主要是因为设计了独特的射流雾化喷嘴,选择了合适的喷嘴压降,喷嘴对煤油的破碎作用强,混合充分。

2.4　燃烧特性分析与燃烧室的设计

2.4.1　燃烧特性分析

　　多功能超音速火焰喷涂系统将氧与煤油送入燃烧室,经雾化、蒸发、混合形成大量的可燃混合气,点火燃烧后形成大量的高温高压的燃气,高温高压燃气对喷涂粒子加速和加热,喷向工件形成涂层。试验证明,粒子速度对涂层性能有重要作用,而粒子的速度与燃烧室压力的大小及稳定性有直接的关系。因此,氧与煤油的燃烧特性,即燃烧的过程与状态、燃烧的完全程度、燃烧的稳定性等,对涂层质量有重要的影响。

1. 煤油的蒸发过程

煤油不能直接在液态下燃烧,煤油液滴在高温燃气的扩散和热传导下不断蒸发,其表面被一薄层燃料蒸气包围;煤油蒸气不断向外扩散,而氧气则不断向里扩散。因此,在某一扩散半径处便形成可燃混合气而开始燃烧。火焰锋面不在液滴表面,因为煤油的沸点比着火温度低。由于煤油的着火与燃烧发生在气相中,因此,可燃混合气能否及时形成和燃烧的完全程度,在很大程度上取决于煤油的蒸发。

煤油液滴的蒸发时间很短,其在燃烧室内的蒸发过程,挥发性不起主要作用,液滴的蒸发速率主要取决于周围燃烧产物向液滴的传热强度。在高温燃气介质中,煤油液滴不断的受热升温蒸发,由于煤油液滴温度逐渐升高,与周围介质之间的温差减小,因而周围气体对液滴的传热量逐渐减少。另外,随着液滴温度升高,表面蒸发加快,蒸发吸热量也不断增多。当液滴达到某一温度时,从周围介质中所得的热量恰好等于蒸发所需的热量,蒸发处于平衡状态,液滴在温度不变的情况下继续蒸发,这个温度即蒸发平衡温度,此时的蒸发速率等于扩散速率。图 2.5 为高温煤油液滴的蒸发示意图,为讨论方便,作以下假设:

(1) 液滴与其火焰表面为两个同心球面;

(2) 蒸发过程为等压过程;

(3) 液滴表面温度低于其沸点 T_b;

(4) 热传导方式为热量传递的主要方式;

(5) 在液滴附近,煤油浓度和温度随离开液滴中心的距离呈线性变化。

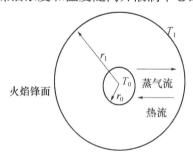

图 2.5　高温煤油液滴蒸发示意图

在稳态条件下,蒸发速率可以由式(2.5)确定。

$$\dot{m}_v = \frac{4\pi\lambda_k}{c_{pk}} \frac{r_0}{1 - r_0/r_1} \ln\left[1 + \frac{\lambda_{k0}}{\lambda_k}\frac{c_{pk}}{l}(T_1 - T_0)\right] \tag{2.5}$$

式中　$\dot{m}_v$——质量蒸发速率,即单位时间内蒸发掉的质量;

r_0——煤油液滴半径;

r_1——火焰锋面至液滴中心的距离;

c_{pk}——煤油蒸气比定压热容;

l——汽化比潜热;

T_0——煤油液滴表面温度;

λ_k——煤油的导热系数;

λ_{k0}——煤油在温度 T_0 时的导热系数;

T_1——火焰锋面温度。

给定直径的煤油液滴完全蒸发所需的时间,即蒸发时间可用式(2.6)表示:

$$t = \frac{c_{pk}\rho_k(r_0^2 - r^2)}{2\lambda_k\ln\left[1 + \dfrac{\lambda_{k0}}{\lambda_k}\dfrac{c_{pk}}{l}(T_1 - T_0)\right]} \tag{2.6}$$

或

$$t = \frac{d_0^2 - d^2}{K_v} \tag{2.7}$$

$$K_v = \frac{8\lambda_k\ln\left[1 + \dfrac{\lambda_{k0}c_{pk}}{\lambda_k l}(T_1 - T_0)\right]}{c_{pk}\rho_k} = \frac{4\dot{m}_v}{\pi d_0\rho_k} \tag{2.8}$$

式中 d_0——煤油液滴初始直径;

ρ_k——煤油液滴的密度;

d、r——蒸发剩余煤油液滴的直径、半径。

K_v 称为蒸发常数。式(2.7)表明,液滴半径越小,蒸发时间越短;煤油液滴直径一定时,温差越大,蒸发时间就越短。液雾中最大液滴的蒸发时间,决定了其在燃烧室中的停留时间,即决定了燃烧室的长度。

雾化形成的液雾,液滴直径大小不同,其蒸发时间也不相同。实验表明,雾化均匀性差的液雾在蒸发初始阶段的蒸发速率较快,有利于液雾迅速着火,但当一定体积的液雾蒸发后,余下的液雾蒸发速率变慢,而这时雾化均匀度较好的液雾却蒸发的较快。所以雾化差的液雾虽然初始蒸发速率较快,但全部蒸发完所需的时间却较长,因此,雾化均匀度越好,蒸发时间越短,越有利于煤油的蒸发。

2. 煤油的燃烧

1)单个煤油液滴燃烧过程

煤油液滴进入燃烧室后,表面逐渐蒸发,在液滴周围形成燃料蒸气,此蒸气与氧气进行气相反应而着火,形成包围液滴的一层燃烧区,燃烧区的化学反应放出热量,通过热传导,使此液滴受热后继续产生蒸气并向外扩散,同时,周围介质中的氧气也向燃烧区扩散,燃烧相对集中在燃烧区进行。在燃烧区向液滴表面稳定传热时,燃速达到稳定值。

由于燃烧是在气相中进行的,故燃烧区是建立在与煤油液滴有一定距离的球面上,此处燃速非常快,煤油蒸气和氧气相遇后就立即反应完毕。

煤油液滴的燃烧与蒸发是同步进行的,蒸发完毕,燃烧也基本结束。因此,液滴的燃速也就是蒸发速率,这时的蒸发规律与液滴高温蒸发相似。

根据扩散燃烧理论,燃料滴的燃速由其蒸发速率决定。

$$\dot{m}_c = \frac{\pi K_c \rho_k d_0}{4} \qquad (2.9)$$

式中　K_c——煤油液滴的燃速常数;

　　　$\dot{m}_c$——煤油液滴单位时间内燃烧掉的质量。

煤油液滴燃尽所需的时间 t_b 如式(2.10)所示:

$$t_b = \frac{d_0^{\;2}}{K_c} \qquad (2.10)$$

此式表明,煤油液滴燃尽所需的时间与液滴初始直径的平方成正比,由此可见,煤油的雾化质量对燃烧时间有很大的影响。

2)液雾燃烧

在多功能超音速火焰喷涂燃烧室内,有大量的不同直径的煤油液滴同时燃烧,液滴之间的距离对燃速有较大影响,如两液滴比较靠近,由于燃烧时都放热,相互加强了传热,使燃速增大,但若两液滴之间的距离过小,以致两火焰锋面相交,使燃烧区重叠造成缺氧,则燃速降低。

试验研究表明,液雾燃烧仍遵循燃尽所需时间与液滴初始直径的平方成正比的规律,但液雾燃烧的燃速常数较单个液滴燃烧时稍有增大。

3. 燃烧室内的燃烧过程

煤油与氧气由喷嘴进入燃烧室到完全变成燃烧产物,中间经历一个十分复杂的物理—化学转变过程。此过程由下列几个基本过程组成:煤油的雾化过程、煤油液滴的加热和蒸发过程、煤油与助燃剂的气相混合过程、化学反应过程。试验研究表明,煤油与助燃剂进入燃烧室后所经历的物理过程(雾化、蒸发、混合)和化学过程(燃烧),大致可在燃烧室内的四个区内进行。如图2.6所示,区域1基本为雾化混合区,煤油与助燃剂从雾化喷嘴进入燃烧室,在此区域内继续雾化,由于液滴不断受到加热,开始有少量的蒸发,尽管有一定的化学反应现象存在,但总的来说温度较低,化学反应速度也较低。区域2为混合气回流区,煤油与助燃剂从喷嘴高速喷出时,由于与周围气体之间的动量交换和引射作用,引起燃气向燃烧室头部附近回流,从而形成回流区。此区域内的气体是由煤油蒸发后形成的未燃气体和已燃气体组成的混合气。回流对燃烧准备过程有一定的促进作用,它使燃烧区的热量传向燃烧室头部的雾化混合区,同时又使本区内的未燃气体进一步微观混合并升温。区域3为燃烧区,由于燃烧室为等截面圆管,因而属于缓慢燃烧,火焰的传播速度为 1~2m/s,而压力波以声速传播。在此区域内,煤油和助燃剂在纵向和横向上都存在着很大的浓度梯度,所以混合很剧烈,并且液滴大量蒸发,形成大量的可燃混合气。可燃混合气一旦形成,就可在约几百万分之一秒内燃烧完,燃烧时体积成百倍地增加,故形成很大的横向流动。随着燃烧的进行,横向流动浓度、流强梯度减小,煤油与助燃剂逐渐变成燃烧产物,横向流动不再是显著的特征。区域 4 为燃烧产物区,燃烧已基本结束,只进行小尺度的紊流混合和补充燃烧。由于燃气在喷管中迅速膨胀,此区内的燃气流速不断增加,燃气停留时间只有 3~5ms,这一区域基本上可以延伸到拉伐尔喷嘴的喉部,燃气的轴向流速很大,流动基本上属一元管流状态。实际上,在燃烧室中,煤油与助燃剂的燃烧准备过程(雾化、混合、蒸发)和燃烧过程本身,彼此都是紧密相连的,即不存在明显的时间上的界限,也不存在明显的空间上的界限。

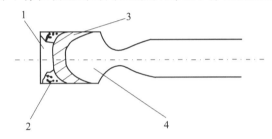

图 2.6　燃烧室燃烧区域示意图
1—雾化混合区;2—混合气回流区;3—燃烧区;4—燃烧产物区。

多功能超音速火焰喷涂系统的燃烧稳定性对喷涂系统的稳定工作具有关键的作用。只有燃烧室的燃烧稳定,喷涂才能稳定在一个恒定的工况,喷涂粒子的加速与加热才能保持稳定,这样才能得到连续一致的涂层。当发生不稳定燃烧时,燃烧室压力的振荡幅度较大,这样导致喷枪的振动加剧和热负荷增高,可能使喷枪遭到破坏或烧蚀,有时还对燃烧效率产生明显的影响。由此可见,燃烧的不稳定性无论是对涂层的质量,还是对喷涂系统本身都有较大影响。

燃烧的不稳定性是指煤油在燃烧室中的燃烧过程与喷涂系统中流体动态过程相耦合而引起的振荡燃烧现象,伴随有燃气压力、温度和速度的周期性振荡,通常是以燃烧室压力振荡来表征的。在正常燃烧的情况下,煤油的燃烧也不是完全均匀和平稳的,燃烧室内氧气和煤油供应系统中煤油的可压缩性都造成波动现象的发生,并通过各种机理而引起燃烧的脉动,因此,燃烧室压力的脉动或多或少总是存在的。正常燃烧时的湍流扰动或燃烧噪声与燃烧不稳定性之间存在本质的区别。

1) 燃烧室压力振荡的周期性

发生不稳定的燃烧时,燃烧室压力振荡具有明显的周期性,振荡能量集中在某几个固有的频率上,而且燃烧室内不同的燃气振荡之间具有一定的联系。正常燃烧时,燃烧室内的脉动和起伏往往是随机的,且各位置的燃气振荡互不相关,振荡能量分散。

2)燃烧室压力振幅增大

发生不稳定燃烧时,燃烧室压力的振荡幅值较大,通常在平均燃烧室压力的5%以上,有时甚至高达百分之十几。

燃烧的不稳定性通常可以按频率分为高频不稳定燃烧、中频不稳定燃烧和低频不稳定燃烧。高频不稳定燃烧是燃烧过程和燃烧室声学振荡相耦合的结果。当发生高频不稳定燃烧时,常伴有强烈的机械振动,并可能使喷枪组件遭到破坏。与此同时,燃烧室内局部传热率急剧增高,可能导致燃烧室的严重烧蚀,尤其是在发生旋转型的切向燃烧不稳定时,对燃烧室的危害更大。

低频不稳定燃烧是由燃烧室内的燃烧过程和氧气、煤油供应系统内的流动过程相耦合而产生的,振荡频率较低,通常在200Hz以下,燃烧室压力振荡是均布的,即可看作燃烧室内整团燃气的振荡。同时,煤油、氧气供应系统的管路往往也发生振荡现象。低频不稳定燃烧使喷枪振动加剧,可能导致煤油与氧气供应系统内的压力、流量和混合比的振荡,从而导致喷枪的性能下降。

中频不稳定燃烧是燃烧室内燃烧过程与煤油、氧气供应系统中某一部分流动过程相耦合而引起的振荡,是介于高频和低频之间的不稳定燃烧,频率范围是200~1000Hz。当发生中频不稳定燃烧时,通常在氧、煤油供应系统中也出现波动。燃气振荡的频率和相位往往与燃烧室的固有声学振型不相符合,这是与高频不稳定燃烧的不同之处。另一方面,它也不同于低频燃烧不稳定性,由于其频率稍高,燃气振荡的波长接近或稍大于燃烧室特征长度,因此燃烧室和供应系统管路内的波动是不能忽视的。

燃烧室的工作参数(燃烧室压力)、几何参数(长径比、面积比)、雾化喷嘴的设计参数(如流量强度、轴向和横向能量释放的分配以及边界效应等)、氧气与煤油的物理化学特性都将对不稳定燃烧产生不同程度的影响,在喷枪设计的过程中,要根据氧与煤油的性能、喷枪的几何尺寸、工作参数、喷嘴结构形式等具体情况,合理设计燃烧室的结构,以保证燃烧室足以抑制不稳定燃烧。实践证明,当设计不合理时,在某些工作参数下,喷枪产生的射流会发生周期性振荡。

2.4.2 燃烧室的设计

燃烧室是HVOF喷枪重要的部件,煤油与氧气从雾化器进入燃烧室,并在燃烧室内完成蒸发、混合和燃烧过程,燃烧室在高温高压的环境下工作,其燃烧效率对喷枪性能影响很大,对燃烧室的设计要求有:

(1)合理地选择燃烧室尺寸和形状,并在最小的容积下得到最高的燃烧效率;

(2)点火容易,启动性能好,燃烧稳定性好;

（3）减少燃气的总压损失；

（4）结构简单，尺寸紧凑，重量轻。

燃烧室设计成桶形，其主要参数有燃烧室容积、燃烧室直径和燃烧室长度。燃烧室容积是喉部截面前的容积，燃烧室长度则是指从雾化喷嘴至喉部的距离，因此，燃烧室的尺寸设计涉及到喷嘴收敛段的结构尺寸。

燃气停留时间表示燃烧产物全部为气体状态时，在燃烧室中停留的时间，如式（2.11）所示：

$$t_s = \frac{V_c \rho_c}{q_m} \qquad (2.11)$$

式中　t_s——燃气停留时间；

　　　V_c——燃烧室容积；

　　　ρ_c——燃烧室内平均燃气密度；

　　　q_m——燃烧室内的质量流量。

燃气停留时间应大于燃料完全燃烧所需的时间，它与燃料种类、燃烧室压力和雾化喷嘴形式等有关，一般为 1 ~ 3ms，具体应根据喷枪雾化喷嘴的设计参数和燃烧室结构确定。

由式（2.11）与喷枪设计的原理参数可以计算得出燃烧室容积。燃烧室容积确定后，可根据燃烧室特征长度来确定燃烧室直径和长度，如式（2.12）所示：

$$L^* = \frac{V_c}{A_c} \qquad (2.12)$$

式中　A_c——燃烧室截面面积；

　　　L^*——燃烧室特征长度。

特征长度是一个燃烧室性能综合参数，它与煤油的燃烧特性、燃烧室的结构形式及尺寸、雾化后的煤油氧气进入燃烧室的状态等因素有关。对于氧 – 煤油燃烧室，其值为 1.0 ~ 1.4。

试验证明，设计的燃烧室点火容易，启动性能好，燃烧稳定，燃烧效率高，结构紧凑，满足多功能超音速火焰喷涂的设计要求。

在多功能超音速火焰喷涂中，燃烧室的出口，也就是拉伐尔喷嘴的入口。燃烧产生的高温高压燃气经拉伐尔喷嘴加速到超音速，继而对喷涂粒子加速。由空气动力学原理可知，经拉伐尔喷嘴加速后气流所能达到的速度与其入口燃气状态密切相关，因而，燃烧室出口的燃气成分及状态在某种程度上将决定整个喷枪的性能。

多功能超音速火焰喷涂系统燃烧室的特点：一是燃烧产物的温度高；二是燃烧产物在燃烧室中的停留时间短。高温导致燃烧产物的离解，高温离解不仅使燃烧产物的成分发生变化，而且还要消耗大量的热量。在严重离解的状态下，在燃烧产物中除完全燃烧产物（H_2O、CO_2 等）之外，还可能有一些可燃气体（如 O_2、OH 等）以及离解后的一些原子气体（O、H 等），而且温度越高，原子状态的气体所占的百分比越大，而完全燃烧产物则相应减少。在离解过程中要消耗一部分分子热运动的能量，因而降低了燃烧产物的温度。

燃烧产物的成分指的是燃烧产物所包含气体的种类，而燃气的状态指的是在设计压力下各种气体组分的分压，其计算过程相当复杂，主要涉及到化学反应平衡方面的内容（见 2.5 节拉伐尔喷嘴的分析与设计）。表 2.1 是在燃烧室压力为 0.88MPa、氧气煤油质量混合比等于 3 时计算得出的燃烧室出口截面燃气成分，此时的燃气温度为 3432K。

表 2.1　燃烧室出口燃烧产物摩尔成分表

燃烧产物	百分比	燃烧产物	百分比
O_2	0.06551	CO	0.27280
H_2	0.05848	CO_2	0.15909
OH	0.08665	O	0.03571
H_2O	0.28390	H	0.04120

由计算结果可以看出，燃烧室出口温度高，达到 3432K，燃气主要由 H_2O、CO、CO_2 组成，另外还有少量的 O_2、H_2、OH、O、H，它们所占的比重较小，但其引起的离解与复合反应影响燃气的温度。

2.5　拉伐尔喷嘴的分析与设计

在多功能超音速火焰喷涂中，拉伐尔喷嘴具有非常重要的作用。它将燃烧室内的高温高压燃气加速到超音速，在它的低压区，喷涂粉末被送入射流。由超音速喷涂的原理可知，粒子速度对涂层质量有决定性的作用，而粒子速度是焰流加速的结果，由此可见，焰流的速度在一定程度上决定涂层的质量，而焰流所能达到的速度与拉伐尔喷嘴直接相关。拉伐尔喷嘴设计合理，则焰流的速度高，反之，焰流的速度低。

2.5.1　拉伐尔喷嘴特征参数的计算过程

拉伐尔喷嘴是一个能量转换部件，根据空气动力学原理，它利用气体压降使气流加速，将高温高压燃气的压能和内能转换为动能，其流动特征可用式（2.13）说明。

$$\frac{dA}{A} = (Ma^2 - 1) \frac{dV_g}{V_g} \tag{2.13}$$

式中　　A——喷嘴内燃气流通截面面积；

　　　　Ma——燃气马赫数；

　　　　V_g——燃气速度。

当流速小于音速，即 $Ma < 1$ 时，随着流速增大，喷嘴的截面积应该逐渐减小；当气流的速度大于音速，即 $Ma > 1$ 时，随着流速增大，喷嘴的截面积应逐渐增大而呈渐放形，如图 2.7 所示。

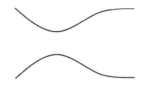

图 2.7　拉伐尔喷嘴示意图

拉伐尔喷嘴分为三段，分别是压缩段、喉部和膨胀段。燃气从拉伐尔喷嘴的入口到出口的流动过程中，压能、动能、内能沿喷嘴发生有规律的变化，压力、温度不断减小，速度不断增大。在喉部，气流的速度达到音速，气流的压力降至临界压力；在出口，气流的速度上升到最大值，气流压力降至背压。拉伐尔喷嘴的特征参数主要是喉径和出口直径。多功能超音速火焰喷涂中，在一定的燃烧室压力和温度下，拉伐尔喷嘴只有合理的喉部与出口面积比，才能将燃气加速到超音速，否则，只能达到亚音速。

计算特征参数时，作以下简化：

（1）燃气在拉伐尔喷嘴中的流动作平衡流处理。燃气的化学反应极为迅速，随着燃气压力和温度在喷管内膨胀过程中的不断下降，在喷管的每个截面上，燃气成分都能在相应的温度和压力下达到化学平衡和能量平衡，燃气成分在喷嘴的各点是均匀的。

（2）燃气符合理想气体定律，可用气体状态方程来描述气体状态。

（3）燃气的流动是一维定常无黏流，任何一个截面的流量，以及代表气流的热力和流动的参数均不随时间而变化，且燃气只具有沿推力室轴向方向的速度，没有径向的速度。由于拉伐尔喷嘴尺寸短小而燃气流速很高，燃气在喷嘴内形成的边界层很薄，黏性对流动的影响较小，故不考虑流动的黏性，作无黏流处理。

多功能超音速火焰喷涂喷枪工作过程中，为了防止喷枪内壁发生烧蚀和保证喷涂操作人员免被烫伤，在燃烧室和拉伐尔喷嘴的外壁，用低温水进行强制冷却，保证喷枪内壁不发生烧蚀和喷枪外壁温度不高于 50℃。燃气在降压膨胀的过程中，低温水带走了大量的热量，特别是在喷枪的燃烧室，燃气的流速低，燃气温度高（高达 3400K），所以，严格来说，燃气的流动过程不能作绝热等熵流处理，必须考虑冷却对燃气造成的能量损失。在简化的热力计算中，考虑到拉伐尔喷嘴的长度较短，而燃气的流速较高，可近似作等熵流处理。

以下为特征参数计算的步骤。

1. 确定原始参数

包括煤油与氧的元素组成与百分比、焓值、燃烧室的设计压力、拉伐尔喷嘴的出口压力、混合比等。

2. 确定求解方程组

煤油与氧气燃烧后产生的气体是一种混合气体,可用分压来表示各燃气的成分。燃烧产物中存在 8 种燃气成分,以 5 种形式进行可逆反应。

$$CO + 1/2O_2 = CO_2$$

$$CO + H_2O = CO_2 + H_2$$

$$OH + 1/2H_2 = H_2O$$

$$2H = H_2$$

$$2O = O_2$$

由于燃气的流动为平衡流,与每一个可逆化学反应相对应,有一个化学平衡常数。

$$K_1 = \frac{P_{CO} \cdot P_{O_2}^{\frac{1}{2}}}{P_{CO_2}} \tag{2.14}$$

$$K_2 = \frac{P_{CO} \cdot P_{H_2O}}{P_{CO_2} \cdot P_{H_2}} \tag{2.15}$$

$$K_3 = \frac{P_{CO} \cdot P_{H_2}^{\frac{1}{2}}}{P_{H_2O}} \tag{2.16}$$

$$K_4 = \frac{P_H}{P_{H_2}} \tag{2.17}$$

式中 P_{CO_2}、P_{CO}、P_{H_2O}、P_{OH}、P_{H_2}、P_H、P_O、P_{O_2}——分别是各燃气成分的分压。

根据气体分压定律,混合气体作用在燃烧室和拉伐尔喷嘴内壁的作用力等于各燃气成分作用力之和,而各燃气成分的作用力等于它的分压,故有:

$$P_c = P_{CO_2} + P_{CO} + P_{H_2O} + P_{OH} + P_{H_2} + P_H + P_O + P_{O_2} \tag{2.18}$$

式中 P_c——燃烧室压力。

根据质量守恒方程,某一元素在燃料中所占的质量百分比应与其在燃气中所占的质量百分比相等。在多功能超音速火焰喷涂中,燃料是煤油和氧气的总称。

$$\frac{O_r}{C_r} = \frac{16}{12} \cdot \frac{2P_{CO_2} + 2P_{O_2} + P_{OH} + P_{CO} + P_{H_2O} + P_O}{P_{CO_2} + P_{CO}} \tag{2.19}$$

$$\frac{H_r}{C_r} = \frac{1}{12} \cdot \frac{P_{OH} + 2P_{H_2} + 2P_{H_2O} + P_H}{P_{CO_2} + P_{CO}} \tag{2.20}$$

式中 O_r——燃料中氧元素的质量百分比;

H_r——燃料中氢元素的质量百分比;

C_r——燃料中碳元素的质量百分比。

每种燃气成分的千摩尔数,即 1kg 燃气中各燃气成分的千摩尔数,可用式(2.21)表示:

$$n_i = \frac{P_i}{\sum\limits_{i=1}^{8} P_i \mu_i} \tag{2.21}$$

式中 n_i——第 i 种燃气成分的千摩尔数;

P_i——第 i 种燃气成分的分压;

μ_i——第 i 种燃气成分的相对分子质量。

多功能超音速火焰喷涂中的燃气流,重力位能的变化可以忽略不计,对于等熵流,根据热力学第一定律,有能量方程:

$$h_g + \frac{1}{2} V_g^2 = h_r \tag{2.22}$$

式中 h_r——燃料的焓值;

h_g——燃气的焓值。

燃料的焓值可由有关数据查得,燃气的焓值可由下式确定:

$$h_g = \frac{\sum\limits_{i=1}^{8} h_i P_i}{\sum\limits_{i=1}^{8} \mu_i P_i} \tag{2.23}$$

式中 h_i——第 i 种燃气成分的焓值。

喷嘴任一截面的熵与燃烧室出口截面的熵相等,故有:

$$S_g = S_c = \sum\limits_{i=1}^{8} n_i S_i = \frac{\sum\limits_{i=1}^{8} P_i (S_i^0 - R_m \ln P_i)}{\sum\limits_{i=1}^{8} P_i \mu_i} \tag{2.24}$$

式中 S_g——燃气任一截面的总熵;

S_c——燃气在燃烧室出口截面的总熵;

S_i——相应温度下第 i 种燃气成分的熵;

S_i^0——第 i 种燃气成分的标准熵;

R_m——通用气体常数。

3. 计算喷嘴入口截面的燃气参数

拉伐尔喷嘴的入口截面,也就是燃烧室的出口截面,主要计算其燃气温度、成分与绝热指数。根据式(2.14)~式(2.23)按牛顿迭代法计算出喷嘴入口截面各燃气成分的分压值和燃气温度。由以下各式计算燃气的平均相对分子质量、气体常数、比容、比定压热容和绝热指数。

喷嘴入口截面燃气的平均相对分子质量为：

$$\mu_c = \frac{\sum_{i=1}^{8} \mu_i P_i}{P_c} \qquad (2.25)$$

喷嘴入口截面燃气的气体常数为：

$$R_c = \frac{8314}{\mu_c} \qquad (2.26)$$

喷嘴入口截面燃气的比容为：

$$v_c = \frac{R_c T_c}{P_c} \qquad (2.27)$$

式中　T_c——喷嘴入口截面燃气的温度。

喷嘴入口截面燃气的比定压热容为：

$$C_{pc} = \frac{\sum_{i=1}^{8} C_{pi} P_i}{P_c} \qquad (2.28)$$

式中　C_{pi}——相应温度下第 i 种燃气成分的比定压热容。

喷嘴入口截面燃气的绝热指数为：

$$k_c = \frac{C_{pc}}{C_{pc} - 8.314} \qquad (2.29)$$

4. 计算喷嘴临界截面的燃气参数

采用与喷嘴入口截面参数相同的计算方法，计算出临界截面的各燃气成分的分压值、等熵过程指数，并计算出燃气的压力、温度与速度。

燃气的临界压力为：

$$P_t = P_c \left(\frac{2}{k_t + 1} \right)^{\frac{k_t}{k_t - 1}} \qquad (2.30)$$

式中　k_t——从喷嘴入口到临界界面燃气的等熵过程指数。

燃气的临界温度为：

$$T_t = \frac{2}{k_t + 1} T_c \qquad (2.31)$$

燃气的临界速度为：

$$V_t = \sqrt{k_t R_t T_t} \qquad (2.32)$$

式中　R_t——燃气的临界气体常数。

5. 计算喷嘴出口截面的燃气参数

计算出喷嘴出口截面各燃气成分的分压值、气体常数、等熵过程指数、温度后,即可计算出口截面燃气速度以及喷嘴出口与临界截面的面积比。按式(2.22)计算喷嘴入口和出口截面燃气的总焓值,则燃气喷嘴出口截面的速度为:

$$V_o = \sqrt{2(h_c - h_o)} \qquad (2.33)$$

式中 h_o——喷嘴出口截面燃气的总焓;

h_c——喷嘴入口截面燃气的总焓。

喷嘴的出口与临界截面面积比为:

$$\varepsilon = \frac{v_o V_t}{v_t V_o} \qquad (2.34)$$

式中 v_o——喷嘴出口截面燃气的比容;

v_t——喷嘴临界截面燃气的比容。

6. 计算喷嘴的喉径和出口直径

喷枪的流量确定以后,根据燃烧效率、等熵过程指数、喷嘴面积比等参数就可以计算喷嘴的喉径和出口直径。

喷嘴临界截面直径为:

$$d_t = \sqrt{\frac{4\phi_c \sqrt{R_c T_c} q_m}{\pi P_c \left(\dfrac{2}{k_t + 1}\right)^{\frac{k_t+1}{2(k_t-1)}} \sqrt{k_t}}} \qquad (2.35)$$

式中 ϕ_c——燃烧效率。

喷嘴出口截面直径为:

$$d_{out} = \sqrt{\varepsilon} d_t \qquad (2.36)$$

2.5.2 拉伐尔喷嘴的型面设计

根据喷嘴的喉径和出口直径,就可以设计喷嘴的型面。喷嘴的内型面如图2.8所示,包括收敛段、喉部、扩张段三部分。

收敛段的主要参数是入口收敛角,其选择范围一般为 30°~60°,一般由收敛段入口圆弧、喉部上游圆弧和与二圆弧相切的直线段组成。喉部是音速到超音速的过渡区。扩张段由喉部下游圆弧、扩张段圆弧和与二圆弧相切的直线段组成,扩张段的扩张角一般为 15°~30°。

2.5.3 多功能超音速火焰喷涂拉伐尔喷嘴的设计

由于要实现焰流速度和温度的大范围内可调,与普通的喷嘴不同,多功能超

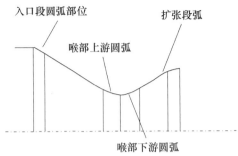

图 2.8 拉伐尔喷嘴型面示意图

音速火焰喷涂的拉伐尔喷嘴,依据喷涂材料的需要调整工作状态,这就要求喷嘴在所有条件下都能达到超音速。实际上,只要喷嘴在 HVOF 和 HVAF 两个临界状态下能达到超音速,在其他条件下就可以达到超音速。

1. HVOF 状态下燃气特征参数的计算

表 2.2 ~ 表 2.4 分别是混合比为 2.5、3.0、3.5 时 HVOF 状态下拉伐尔喷嘴及燃气状态参数的计算结果。

表 2.2　HVOF 状态下混合比为 2.5 时拉伐尔喷嘴及燃气特征参数

参　数	燃烧室出口截面	临界截面	出口截面
压力膨胀比		1.732	8.8000
压力/kPa	880.0	510.6	100.0
温度/K	3413.3	3261.9	2856.3
密度/(kg/m³)	0.70011	0.43175	0.10070
气体常数/(kJ/(kg·K))	22.578	22.929	22.915
气流速度/(m/s)		1152.9	2205.4
马赫数		1.0000	2.0929
喷嘴几何扩张比			2.2413
冻结流混合物导热系数/(W/(m²·K))	0.34521	0.33059	0.29145
平衡流混合物导热系数/(W/(m²·K))	1.9640	1.8150	1.3880
O_2 的摩尔成分	0.02412	0.02102	0.01082
H_2 的摩尔成分	0.09263	0.09095	0.08743
OH 的摩尔成分	0.06572	0.05739	0.03349
H_2O 的摩尔成分	0.28284	0.29810	0.33991
CO 的摩尔成分	0.33827	0.33374	0.31812
CO_2 的摩尔成分	0.12610	0.13786	0.17375
O 的摩尔成分	0.02062	0.01160	0.00701
H 的摩尔成分	0.04960	0.04425	0.02942

28

表 2.3　HVOF 状态下混合比为 3 时拉伐尔喷嘴及燃气特征参数

参　数	燃烧室 出口截面	临界 截面	出口 截面
压力膨胀比		1.7212	8.8000
压力/kPa	880.0	511.2	100.0
温度/K	3432.1	3289.3	2918.1
密度/(kg/m³)	0.7401	0.45582	0.10514
气体常数/(kJ/(kg·K))	0.34644	0.34097	0.32590
气流速度/(m/s)		1119.9	2150.4
马赫数		1.0000	2.0955
喷嘴几何扩张比			2.2576
冻结流混合物导热系数/(W/(m²·K))	0.31772	0.30507	0.27173
平衡流混合物导热系数/(W/(m²·K))	2.0922	2.0452	1.8389
O_2 的摩尔成分	0.06551	0.06269	0.05134
H_2 的摩尔成分	0.05848	0.05627	0.04973
OH 的摩尔成分	0.08665	0.07881	0.05682
H_2O 的摩尔成分	0.28039	0.29493	0.33648
CO 的摩尔成分	0.27280	0.26490	0.23758
CO_2 的摩尔成分	0.15909	0.17392	0.22153
O 的摩尔成分	0.03571	0.03101	0.01921
H 的摩尔成分	0.04120	0.03734	0.02723

表 2.4　HVOF 状态下混合比为 3.5 时拉伐尔喷嘴及燃气特征参数

参　数	燃烧室 出口截面	临界 截面	出口 截面
压力膨胀比		1.7202	8.8000
压力/kPa	880.0	511.6	100.0
温度/K	3411.4	3271.8	2908.6
密度/(kg/m³)	0.77988	0.48021	0.11045
气体常数/(kJ/(kg·K))	25.137	25.357	26.711
气流速度/(m/s)		1090.5	2095.7
马赫数		1.000	2.094
喷嘴几何扩张比			2.2624
冻结流混合物导热系数/(W/(m²·K))	0.29687	0.28538	0.25661
平衡流混合物导热系数/(W/(m²·K))	2.007	1.9682	1.8316

参　　数	燃烧室 出口截面	临界 截面	出口 截面
O$_2$ 的摩尔成分	0.11437	0.11268	0.1043
H$_2$ 的摩尔成分	0.04053	0.03850	0.03235
OH 的摩尔成分	0.09460	0.08680	0.06504
H$_2$O 的摩尔成分	0.2708	0.28431	0.32302
CO 的摩尔成分	0.22142	0.21182	0.17955
CO$_2$ 的摩尔成分	0.18069	0.19668	0.24774
O 的摩尔成分	0.04469	0.03952	0.02647
H 的摩尔成分	0.03266	0.02952	0.02129

表 2.5 和图 2.9 是 HVOF 状态下燃气参数随混合比的变化,当混合比等于 3.0 时,燃烧室温度最高,为 3432K,拉伐尔喷嘴出口燃气温度最高,为 2918K;当混合比等于 2.5 时,拉伐尔喷嘴出口燃气速度最高,为 2200m/s。

表 2.5　HVOF 状态下燃气的特征参数

混合比	燃烧室温度/K	喷嘴出口温度/K	喷嘴出口速度/(m/s)
2.5	3413	2856	2200
3.0	3432	2918	2150

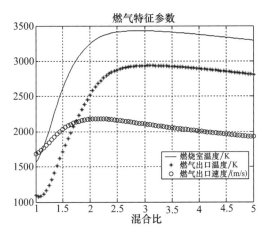

图 2.9　HVOF 状态下的燃气特征参数

2. HVAF 状态下燃气特征参数的计算

表 2.6～表 2.8 分别是混合比为 13、14、15 时 HVAF 状态下燃气特征参数的计算结果。

表 2.6　HVAF 状态下混合比为 13 时拉伐尔喷嘴及燃气特征参数

参　数	燃烧室出口截面	临界截面	出口截面
压力膨胀比		1.8041	6.0000
压力/kPa	600.0	332.57	100.00
温度/K	2283.7	2035.7	1589.4
密度/(kg/m^3)	0.89431	0.55650	0.21435
气体常数/(kJ/(kg·K))	28.302	28.322	28.327
气流速度/(m/s)		864.86	1421.7
马赫数		1.000	1.850
喷嘴几何扩张比			1.5792
冻结流混合物导热系数/(W/(m^2·K))	0.16433	0.14997	0.12207
平衡流混合物导热系数/(W/(m^2·K))	0.18672	0.15623	0.12406
H_2 的摩尔成分	0.00869	0.00963	0.01310
H_2O 的摩尔成分	0.12649	0.12607	0.12275
N_2 的摩尔成分	0.70817	0.70883	0.70896
CO 的摩尔成分	0.04057	0.03892	0.03537
CO_2 的摩尔成分	0.10602	0.10778	0.11136
Ar 的摩尔成分	0.00841	0.00842	0.00842

表 2.7　HVAF 状态下混合比为 14 时拉伐尔喷嘴及燃气特征参数

参　数	燃烧室出口截面	临界截面	出口截面
压力膨胀比		1.7949	6.0000
压力/kPa	600.00	334.28	100.00
温度/K	2328.9	2101.2	1648.1
密度/(kg/m^3)	0.88863	0.55000	0.20988
气体常数/(kJ/(kg·K))	28.678	28.744	28.761
气流速度/(m/s)		866.62	1433.4
马赫数		1.0000	1.8481
喷嘴几何扩张比			1.5842
冻结流混合物导热系数/(W/(m^2·K))	0.16394	0.15.95	0.12333
平衡流混合物导热系数/(W/(m^2·K))	0.21853	0.16543	0.12438
H_2 的摩尔成分	0.00349	0.00324	0.00432
H_2O 的摩尔成分	0.12395	0.12515	0.12441

参　数	燃烧室 出口截面	临界 截面	出口 截面
N_2 的摩尔成分	0.72083	0.72297	0.72351
CO_2 的摩尔成分	0.11949	0.12320	0.12511
Ar 的摩尔成分	0.00857	0.00859	0.00860

表 2.8　HVAF 状态下混合比为 15 时拉伐尔喷嘴及燃气特征参数

参　数	燃烧室 出口截面	临界 截面	出口 截面
压力膨胀比		1.7844	6.0000
压力/kPa	600.0	336.24	100.0
温度/K	2350.0	2093.5	1710.2
密度/(kg/m³)	0.90405	0.55956	0.21060
气体常数/(kJ/(kg·K))	28.887	28.967	29.021
气流速度/(m/s)		855.71	1426.2
马赫数		1.0000	1.8451
喷嘴几何扩张比			1.5940
冻结流混合物导热系数/(W/(m²·K))	0.16081	0.14876	0.12231
平衡流混合物导热系数/(W/(m²·K))	0.23097	0.18302	0.12470
O_2 的摩尔成分	0.00670	0.00501	0.00424
OH 的摩尔成分	0.00219	0.00100	0.00011
H_2O 的摩尔成分	0.11876	0.12052	0.12171
N_2 的摩尔成分	0.72832	0.73123	0.73316
CO_2 的摩尔成分	0.12367	0.12869	0.13160
Ar 的摩尔成分	0.00867	0.00870	0.00871

　　图 2.10 和表 2.9 是 HVAF 状态下燃气参数随混合比的变化,当混合比等于 15 时,燃烧室温度最高,为 2350K,拉伐尔喷嘴出口燃气温度最高,为 1710K;当混合比等于 14 时,拉伐尔喷嘴出口燃气速度最高,为 1433m/s,如表 2.9 所列。

表 2.9　HVAF 状态下燃气的特征参数

混合比	燃烧室温度/K	喷嘴出口温度/K	喷嘴出口速度/(m/s)
14	2320	1684	1433
15	2350	1710	1426

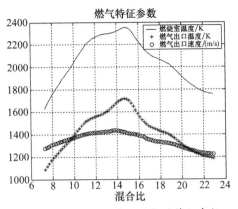

图 2.10　HVAF 状态下燃气的特征参数

3. 拉伐尔喷嘴临界和出口直径

要确定喷嘴的特征尺寸,首先要确定喷枪的流量,表 2.10 是不同流量和室压下拉伐尔喷嘴的临界和出口直径。

表 2.10　拉伐尔喷嘴的特征尺寸

状态	燃烧室压力 /kPa	煤油流量 /(L/h)	混合比	总流量 /(kg/h)	临界直径 /mm	出口直径 /mm
HVOF	880	24	3	80.1600	7.448	11.219
HVOF	880	24	2.5	70.1400	7.071	10.559
HVAF	600	6	15	87.6750	6.7642	9.1827
HVAF	600	6	14	81.8300	6.4325	8.0548

由表 2.10 可知,要使拉伐尔喷嘴在 HVOF 和 HVAF 两种状态下都达到完全膨胀是不可能的,只能是一种状态完全膨胀,另一种过膨胀或欠膨胀。为了喷涂时获得高的粒子速度,喷嘴设计时使 HVOF 达到完全膨胀状态,HVAF 处于过膨胀状态。

试验表明,在不同助燃条件下,多功能超音速火焰喷涂拉伐尔喷嘴均能将焰流加速到超音速。图 2.11 为 HVO/AF 的焰流,由图可知,HVOF 状态下焰流呈浅蓝色,亮度较高,而 HVAF 状态下焰流呈浅白色,轴心线出现了数个菱形的亮点,称为马赫锥,是超音速焰流所特有的特征,表明焰流都达到了超音速。

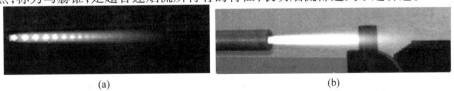

(a)　　　　　　　　　　　　　　　　　　　(b)

图 2.11　多功能超音速火焰喷涂焰流图

(a) HVOF 状态;(b) HVAF 状态。

2.6 喷枪强度设计

多功能超音速火焰喷涂喷枪承载条件最恶劣的是燃烧室和拉伐尔喷嘴,其内壁接触的是高温燃气,其中,桶形燃烧室的承载最大。燃烧室内壁受燃气的压力,外壁受冷却水的压力。在多功能超音速火焰喷涂中,考虑喷枪工作时高温对材料强度的影响,凡与燃气接触的零部件均采用铬青铜材料,该材料有较高的强度、硬度和导热性能。

对于壁厚确定的燃烧室,单独受内力时,许用内压力为:

$$P_{in} = \frac{2(k_s^3 - 1)}{3k_s^3}[\sigma] \tag{2.37}$$

式中 k_s——形状系数,燃烧室外径与内径之比;
$[\sigma]$——材料的许用应力,取材料在 500℃ 时的值。

计算结果如表 2.11 所列。

表 2.11 内压力计算结果

壁厚/mm	许用应力/MPa	许用内压力/MPa	安全系数
3		9.8	11.14
2.5	39.0	8.6	7.75
2		7.2	8.18

单独受外力时,许用外压力为:

$$P_{out} = \frac{2AE_m}{3d_c}\delta \tag{2.38}$$

式中 A——燃烧室结构系数;
E_m——材料弹性模量;
d_c——燃烧室直径;
δ——燃烧室壁厚。

计算结果如表 2.12 所列。

表 2.12 外压力计算结果

壁厚/mm	许用应力/GPa	许用内压力/MPa	安全系数
3		100.43	110.43
2.5	117.2	44.65	44.65
2		26.79	22.79

喷枪工作时,同时受到内压和外压的作用,此时,喷枪的受力比单独计算时要小,因而,以单独计算来确定内壁的厚度是安全的。根据上表计算结果,燃烧室壁厚设计为2mm。

2.7 喷枪的冷却设计

在多功能超音速火焰喷枪中,沿喷管流动的是高温高压的燃气,流动速度可达1800~2200m/s。燃气流动过程中,燃烧室单位容积内所具有的巨大热量向内壁面传递,然而内壁允许通过的热流却是十分有限的。如果不采取有效的防护措施,室内壁的强度将因温度的迅速升高而急骤下降,而且可能出现烧蚀。为了保证喷枪的长时间连续工作,喷枪必须得到有效的冷却。

2.7.1 喷枪冷却系统设计及冷却过程

喷枪的热交换过程是一个复杂的物理过程,如图2.12所示。它首先由燃气通过壁面的对流和辐射两种传热方式将热量传给室壁,通过传导由热壁面(气壁面)传到冷壁面(液壁面),再以对流的形式由冷壁面向冷却水传热。

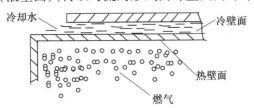

图2.12 喷枪冷却过程示意图

根据传热原理,燃气与喷枪内壁之间的热流密度为:

$$q_1 = \alpha_q (T_g - T_{bg}) \tag{2.39}$$

式中 α_q——燃气与内壁之间的对流换热系数;

T_g——与内壁接触的燃气温度;

T_{bg}——热壁面温度。

根据热传导原理,通过喷枪内外壁所传递的热流为:

$$q_2 = \frac{\lambda_m}{\delta} (T_{bg} - T_{by}) \tag{2.40}$$

式中 λ_m——壁材料的导热系数;

T_{by}——液壁面(冷壁面)温度。

最后,以对流形式由液壁面传给冷却水的热流为:

$$q_3 = \alpha_y (T_{by} - T_y) \tag{2.41}$$

式中 α_y——液壁面与冷却水之间的换热系数;

T_y——冷却水的温度。

喷涂系统工作达到稳定状态后,式(2.39)~式(2.41)中的热流密度相等。

燃气向喷管内壁的传热包括对流换热和辐射换热两种形式。燃气高速流经喷管内表面,总要形成附面层。在附面层内速度沿横向剧烈地变化着,由附面层与中心气流边界上的最大值很快下降到壁面上的零速度。由于速度梯度的存在,便在附面层内形成很大的涡流,称为紊流附面层,热量的传递将因物质微团在横向上的激烈相对运动而加剧。理论和试验都证明,紊流运动时对流形式的换热量要比热传导形式的换热量大很多倍。但是靠近壁面燃气流动的紊流性并不扩展到全部附面层,在紧贴壁面处还存在一个较小的厚度,在该厚度内流动带有明显的层流性,称为紊流边界层的层流底层。在热阻较大的层流底层,热量传递只能靠热传导。燃气与室壁的对流换热实际上由两个过程组成,即:在附面层紊流部分,热流靠对流传递,在层流底层靠热传导传递。还应指出的是,燃烧室中燃气的离解、复合对这一传热过程影响很大。在附面层内,存在着有利于进行复合过程的条件,从高温中心气流来的具有一定离解度的燃气,进入近壁层内时,将它带来的附加化学能,在复合时以热的形式放出。同时,近壁层的气体以微团的形式进入高温中心气流时,在离解过程中还将从周围分子中吸收一部分热量。离解与复合过程相当剧烈,它加剧了燃气向室壁的对流换热。

燃气与热壁面之间的对流换热系数可由式(2.42)确定:

$$\alpha_q = \left[\frac{0.026}{d_t^{0.2}} \left(\frac{\mu_g^{0.2} C_{pg}}{Pr^{0.6}} \right) \left(\frac{P_c g}{\beta_{ks}} \right)^{0.8} \left(\frac{d_t}{R'} \right)^{0.1} \right] \left(\frac{F_t}{F} \right)^{0.9} \varphi \qquad (2.42)$$

式中 F_t/F——临界截面与任意截面面积之比;

β_{ks}——实际的燃烧室综合参数;

d_t——临界截面直径;

R'——喷管喉部外形的曲率半径;

C_{pg}——燃气比定压热容;

Pr——燃气普朗特数;

g——重力加速度;

μ_g——燃气的动力黏度;

φ——附面层内燃气性能变化的修正系数。

修正系数由式(2.43)确定:

$$\varphi = \frac{1}{\left(\frac{T_{bg}}{2T_g^0} \left(1 + \frac{k_g - 1}{2} Ma^2 \right) + \frac{1}{2} \right)^{0.68} \left(1 + \frac{k_g - 1}{2} Ma^2 \right)^{0.12}} \qquad (2.43)$$

式中 T_g^0——当地燃气的滞止温度;

Ma——燃气马赫数；

k_g——燃气等熵过程指数。

高温高压燃气中主要的辐射气体是水蒸气和二氧化碳，其他的燃气成分的辐射与这两种比较起来小到可以忽略不计。辐射热流一开始很少，然后直线上升达到稳定值，在整个燃烧室长度上基本上为定值，在喷管部分逐步下降，这是因为辐射热流密度的大小取决于燃气压力、气体成分、温差和喷管截面的几何尺寸。煤油和氧气在燃烧室从开始燃烧到完全变成燃烧产物，燃气温度逐步增加到稳定值，进入喷管后燃气的压力和温度因膨胀逐步下降，辐射热流密度也随之迅速下降。辐射热流密度在燃烧室部分约占总热流的 20% ~ 40%，在临界截面处，只有对流热流的 10% 左右，在加长管段只有对流热流密度的 2% ~ 4%。由于超音速火焰喷涂系统燃烧室压力在 0.8MPa 左右，在冷却结构设计时，不单独计算辐射热流，将对流换热系数作修正即可。

热壁面通过热传导向冷壁面传热，在喷枪内壁厚度确定的条件下，关键是确定不同温度下的导热系数。查有关数据后，可通过插值求得任一温度下室壁材料的导热系数。热壁面和冷却水之间的换热形式为对流换热，关键是确定不同温度下冷却水的对流换热系数，查有关数据后可通过插值求得任一温度下水的对流换热系数。

2.7.2 喷枪冷却的影响因素

喷枪冷却的影响因素主要有冷却水的流速、燃烧室压力、燃气温度、喷枪材料的导热性能、燃烧稳定性等。

冷却水的流速增大，可使液壁面附近的层流底层由厚变薄，液壁面向冷却水的传热强度增大，即冷却水对流换热系数增大，可以加强冷却效果。

燃烧室压力对换热强度有很大的影响。因为燃烧室压力增大时，燃烧室中流动气体的密度增大，由气体传向壁面的热量增加，其结果是导致壁温升高。燃气温度升高时，可使对流热流与辐射热流增大，使壁温升高。

室壁材料的导热性能越好，喷枪内壁越薄，冷却效果越好。

燃烧稳定性对冷却效果也有较大的影响，燃烧不稳定时，燃烧室内存在压力波动，造成系统冷却条件不稳定，降低了喷枪的抗热性能。特别是燃烧不充分时，还会在喷枪内壁积碳，增大了热阻，降低系统的冷却效果。

2.7.3 喷枪冷却的参数计算

喷枪冷却计算是检验性计算。在给定的冷却系统与冷却结构的情况下，核算能否满足喷枪的冷却要求，如果不能可靠冷却，得考虑改善冷却结构，或增大冷却系统的致冷量。冷却计算的目的是求出喷枪的热流 q、热壁面温度 T_{bq}、冷壁面温度 T_{by}、冷却水的温度 T_w 沿喷枪轴向变化的情况。其计算步骤如下：

（1）确定冷却计算的原始数据。喷枪内腔的几何参数和冷却腔的几何参数,内壁的厚度,不同温度下内壁材料的导热系数与强度,燃气的热力学参数,燃烧室压力与流量,燃气温度与气体常数,燃气成分,冷却水的入口温度,冷却水的压力与流速,冷却水的物理参数,包括导热系数、黏度、相对密度以及它们随温度变化的情况、临界温度、临界压力、沸点等。

（2）假设一气壁温度。

（3）按式(2.42)与(2.43)求燃气的对流换热系数。

（4）按式(2.39)计算对流热流密度。

（5）按式(2.40)计算液壁温。

（6）按式(2.41)计算液壁面向冷却水的热流密度。

（7）重新确定气壁温。令 $\bar{q} = (q_1 + q_3)/2$ 且 $q_1 = \bar{q}$,根据式(2.39),求出气壁温 T_{bg}。

返回步骤(3),直至前后两次气壁温的计算结果的差值在控制精度范围内,本计算精度取相对差值为1%。

（8）按式(2.41)计算冷却水的温升。

喷枪冷却参数计算实际上是一个迭代过程,经多次迭代后,使计算结果在控制的精度范围内,这样便可得热壁面、冷壁面与冷却水的温度沿喷枪轴线的变化规律。表2.13是冷却计算结果,计算的条件为水流量 5m³/h,入水温度为13℃,使用 VC + +语言编写程序。

表 2.13　冷却计算结果

轴向距离 /mm	气壁温 /K	液壁温 /K	水温 /K	轴向距离 /mm	气壁温 /K	液壁温 /K	水温 /K
0	428.0	355.0	287.0	200	687.2	422.2	291.0
20	428.1	355.4	287.2	220	686.9	421.5	291.2
40	428.4	361.3	287.5	240	686.7	420.6	291.5
60	428.6	362.4	287.7	260	686.5	419.7	291.7
80	428.9	362.8	287.9	280	686.3	419.4	292.0
100	452.4	363.2	288.1	300	686.0	419.2	292.2
120	769.0	449.6	288.5	320	685.7	419.0	292.5
140	688.2	424.1	289.1	340	685.3	418.8	292.6
160	687.8	423.4	289.4	360	685.0	418.8	292.9
180	687.4	422.8	289.7				

经计算,多功能超音速火焰喷涂在入水温度13℃,流量 5m³/h 的条件下即可满足冷却要求,这时喷枪出水温度约为21℃。理论计算时,将冷却过程作为理想过程来考虑,没有考虑摩擦,试验结果与计算结果相近,选用设计条件下的

冷水机组,喷枪冷却腔出水温度约为 23℃。但是,5m³/h 的水流量对制冷机组负荷很大,工程上往往无法满足,这时可适当提高出水温度的上限,实际运行证明,水流量为 2.5m³/h 时可满足要求,但夏季连续安全运行的时间会减少。

2.8 点火系统的设计

2.8.1 点火的原理及过程

煤油和氧气是非自燃的,需要点燃。多功能超音速火焰喷涂系统点火过程大致可分为两个阶段。

第一阶段是要生成足够体积的、相当高温度的可以向外传播的火团。影响点火火团生成的主要因素是点火火花附近区域的流速、油气比、紊流度、压力、火花的能量及保持时间等。其中火花附近的煤油氧气混合比是非常重要的,如果这个混合比超过了可着火范围,则无论多大的点火能量都不能点着火。就是在可着火范围内,如果远离最佳混合比,其所需的点火能量会比在最佳混合比下的火花能量高出几个数量级。火花附近区域的可燃混合气流速也是影响点火火团生成的重要因素。因此,火花附近形成局部的低速和适当的混合比是点火成功的关键因素。

第二阶段是由上述的火团向整个燃烧区的火焰传播。影响第二阶段的主要因素是可燃混合气流速、主燃区的煤油分布以及点火器的安装位置。点火器最理想的安装位置应是燃烧室中心线处,由于雾化喷嘴安装在该位置,这里较难安装点火器,并且会干扰主燃区的流态,而且点火器表面容易积碳导致损坏。于是,点火器的安装位置选择靠近雾化后的煤油液雾的外边缘,但不应当让液雾直接喷在点火器表面上。点火器伸入燃烧室的长度也很重要,伸入燃烧室越长,点火越可靠,但点火器寿命越短。

2.8.2 点火的影响因素

1. 煤油的物理化学性质

稳定点火要求煤油具有良好的雾化蒸发性能和燃烧性能。煤油是一种混合物,它由烷烃、环烷烃、芳烃和烯烃等组成。烷烃氢碳比高,单位质量发热量大,燃烧容易完全,没有残余;环烷烃分子结构稳定,发热量比烷烃低,但密度大,燃烧也易完全;芳烃单位质量发热量比烷烃小,它能使橡胶和某些密封件膨胀,因其含碳量较高,所以燃烧时生烟;烯烃是烃类中最活泼的,能和许多材料起反应。

就燃烧容易程度来说,按顺序依次为:

烷烃 > 烯烃 > 单环烷烃 > 环烷烃 > 双环烷烃 > 单环芳烃 > 双环芳烃

因此,在选用煤油时,应选用黏度小,表面张力小,可燃性好的煤油,本设计选用航空煤油。

2. 点火能量

点火要求有足够的点火能量,试验表明,对于给定混合比的可燃混合气,只有当放电能量足够大时,由电火花形成的火焰才能向外传播,并点燃混合气。点火能量与火花塞电极的极间距有很大关系,图 2.13 为点火能量与火花塞电极之间距离的关系图。由图可知,点火能量随电极间的距离 d 变化。d 值较小时,电极从初始火焰传走过多的热量,导致火焰不能传播,因此需要更大的放电能量。实际上,当距离小于某一定值 d_q 时,很大的能量都不能使可燃混合气着火,d_q 称为熄火距离。从 d_q 值开始,随着距离增大,点火所需能量就不断减少,当达到最小的点火能量 E_{min} 值后,再增大距离时,则所需的点火能量又增大。这是由于距离过大,使更多的热量散失到混合气中。

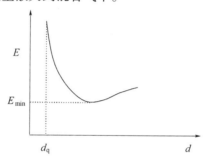

图 2.13 点火能量随电极距离的变化

试验证明,最小点火能量不仅和煤油及氧气的性质有关,还和混合比有关。当混合气的组成为化学当量混合比时,所需的 E_{min} 最小。如混合气为"贫油"或者"富油",E_{min} 值开始缓慢增加,然后陡然升高。当混合气的混合比过低或过高时,点火将很困难。

3. 点火区域内的混合气状态

点火区域内可燃混合气的状态,包括油气混合比、混合气的压力、混合气的流速、混合气温度,对点火性能影响较大。在点火区域内,存在着一定的着火混合比极限,超出这个范围,点火相当困难;存在最小压力值,低于该值时点火也很困难;混合气流速越低,越易点火;混合气温度越高,越易点火。

综上所述,对燃烧室点火最有利的条件为:点火能量足够大,油气混合比接近化学当量混合比,燃烧室压力高,初始混合气温度高,油气流量小。

2.8.3 点火系统的设计

多功能超音速火焰喷涂点火系统如图 2.14 所示。

该点火系统的工作原理是:当点火开关闭合时,220V 交流电经变压器降压后,向点火器中的电容充电,充了电的电容通过点火器中的可控硅向点火线圈的

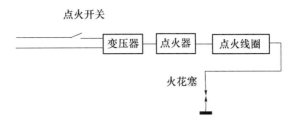

图 2.14　多功能超音速火焰喷涂点火系统原理图

初级放电,在点火线圈的次级感应出高压电,送到多功能超音速火焰喷枪燃烧室头部的火花塞跳火,产生火花,火花将可燃混合气点燃,完成点火过程。点火成功后,关闭点火开关,点火系统停止工作。需要重新点火时,只要闭合点火开关即可。

该点火系统的关键是变压器的设计,点火器、点火线圈、火花塞等元器件间性能参数的匹配,火花塞在喷枪燃烧室头部的安装位置的优化。变压器的设计主要是功率与输出电压,变压器的输出电压和功率对整个点火系统的工作有决定性的影响,输出电压过低,火花塞不能产生火花或火花微弱,点火能量不够,输出电压过高,将造成点火器和点火线圈的过载,烧坏元器件;变压器功率过低,系统点火能量低,而且会造成变压器本身过载,变压器功率过高,造成资源浪费,而且增大了安装尺寸。点火器、点火线圈、火花塞之间的性能参数只有匹配兼容才能充分发挥它们的功能,在火花塞产生足够能量的火花。

为了保证可靠点火,在点火系统设计时应注意以下几点:

(1) 适当提高点火系统的功率,增大变压器的功率和输出电压。

(2) 在点火时,应控制好煤油与氧气的压力与流量,使点火区域的油气混合比、压力、流速与点火能量相适应。

(3) 合理安排火花塞的位置和电极伸出燃烧室的长度,使点火器安装在易点火的区域。

2.9　多功能超音速火焰喷涂控制系统

控制系统的气、油、水路原理如图 2.15 所示。由多功能超音速火焰喷涂的工作原理和过程可以看出,其控制对象多,包括煤油、氧气、空气、粉末,冷却水等;控制过程复杂,包括煤油与助燃剂的输送、点火过程、送粉过程、冷却过程等;监控的工艺参数多,包括煤油的流量、压力,煤油油箱的液位,氧气与压缩空气的流量、压力,冷却水的入枪与出枪水温,喷枪燃烧室的压力等,因此,控制系统控制的准确性与灵敏度对整个系统的工作影响很大。整个控制系统分为以下子系统:煤油供给系统、氧气-空气供给系统、水冷系统、送粉系统和控制台。

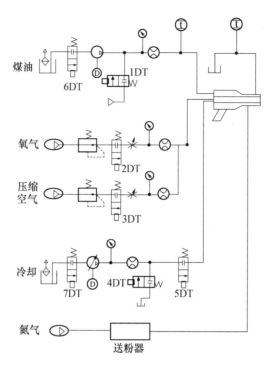

图 2.15　多功能超音速火焰喷涂控制系统气、油、水路原理图

煤油供给系统完成煤油的输送,且煤油压力与流量可调。氧气－空气供给系统完成氧气、空气的输送,氧气与压缩空气混合气的形成,且氧气、压缩空气压力流量可调。水冷系统完成喷枪的冷却,进出喷枪水温的监控。送粉系统完成喷涂粉末的输送,送粉量可调。控制台将各种显示监控仪表、调节阀、控制板、控制开关集于一身,对喷涂过程进行监控,对各种工况进行智能判断,并做出处理。

2.9.1　煤油供给系统

煤油供给系统由油箱、液位计、泵、流量计、流量调节阀组成。液位计将油箱的液位转换为电信号,送到控制台进行显示控制。压力表和流量计分别显示煤油的压力与流量,流量调节阀调节煤油的流量。

2.9.2　氧气－空气供给系统

氧气－空气供给系统由氧气源、空气源、电磁阀、氧气调压阀、空气调压阀、混合器等组成。压力表显示气源压力,流量调节阀完成流量调节,混合器完成氧气与压缩空气的混合。

2.9.3　水冷系统

水冷系统结构如图 2.16 所示。系统主要包括双压缩机、双水泵、双风机、双冷凝器及测控单元等,根据设定的温度智能地选择"制冷"或者"循环"工作状况进行工作,将喷枪流回的高温水降温成低温水,泵将冷却水高压送至喷枪,压力表和流量调节阀分别完成压力的显示和流量的调节。

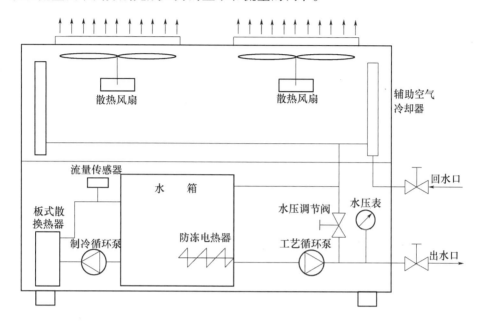

图 2.16   冷水机结构图

2.9.4   送粉系统

以氮气为载气,送粉系统将喷涂粉末连续均匀地送至喷枪的低压区,送粉率可调,以满足喷涂工艺的需要,送粉系统的核心部件是送粉器,它将喷涂粉末与载气混合成流态,以一定的压力和流量送至喷枪。由于多功能超音速火焰喷涂采用了特殊的送粉设计,送粉口的压力为负压,送粉的适应性好,刮板式与螺杆式送粉器均可顺畅输送粉末。

2.9.5   控制台

控制台如图 2.17 所示。控制台集电、油、气、水的控制于一身,控制台面板上安装了各介质的压力表、流量计和调节阀,保证各个子系统按一定的时序正常工作,并显示监控喷涂系统工作时的工作参数。控制台内设计了专门的安全电路,在系统工作超出正常工艺参数范围时会自动报警,并做出相应的处理,保证系统正常工作。

图 2.17　多功能超音速火焰喷涂控制台

2.10　低温超音速火焰喷涂

2.10.1　系统总体设计

低温超音速火焰喷涂系统如图 2.18 所示,其原理与超音速火焰喷涂系统基本相同,在硬件上增加了调温送料器。系统的基本原理是:在超音速火焰喷涂的焰流中注入降温介质,氮气或水,使焰流保持超音速的同时,温度降至约 600～1000K,加热加速粉末喷向工件沉积形成涂层。整个喷涂系统可以分为喷枪、控制系统、煤油输送系统、氧气供给系统、送粉系统、水冷系统和调温送料器,控制系统、水冷系统、送粉系统与前述超音速火焰喷涂系统基本相同,调温送料器完成焰流降温与液料输送。

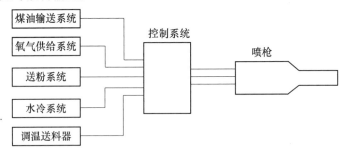

图 2.18　低温超音速火焰喷涂组成示意图

2.10.2　喷枪总体设计

喷枪主要由射流雾化喷嘴、燃烧室、拉伐尔喷嘴、送粉嘴、加长喷管、冷却套以及油管、气管、水管接头组成,如图 2.19 所示。在拉伐尔喷嘴的低压区,注入大量的氮气,对射流进行降温,然后在氮气注入口的下游,送粉器通过喷枪上的送粉口注入粉末或液料。实际上,焰流的降温也可以通过在燃烧室内注入氮气的方法,但此时要求氮气有较高的注入压力,并控制好燃烧室的燃烧稳定性。试验证明,燃烧室注氮降温由于在燃烧室内进行了比较充分的掺混,产生的射流更加均匀。

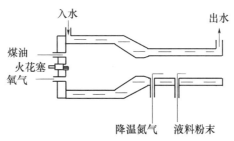

图 2.19 低温超音速火焰喷涂喷枪结构示意图

2.10.3 调温送料器的设计

调温送料器原理如图 2.20 所示,原理为:根据喷涂的要求,氮气、水或液料按一定的压力和流量输送至喷枪,对焰流进行降温或输送液料。调温送料器可完成气体输送、液料输送、气液同时输送、卸料、清洗等各种控制功能,对整个注入过程进行有效的监控。调温送料器由载气供给系统、液料注入系统、控制台等组成。载气供给系统降温载气的调节与输送,液料加注系统完成水或液料的注入与流量调节,控制台完成将各种显示监控仪表、调节阀、控制开关集于一身,对降温、送料过程进行监控和处理。图 2.21 为调温送料器实物图。

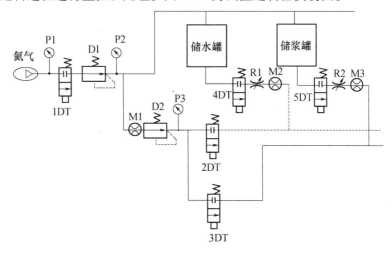

图 2.20 调温送料器原理图

图 2.21　调温送料器实物图

2.10.4　低温超音速火焰喷涂焰流温度的测定

温度是低温超音速火焰喷涂焰流的重要参数,温度太高,易造成粒子的分解,而温度过低,粒子加热不充分,难以沉积,一般采用红外测温仪测试焰流温度,测温设备选用北京雷泰光电技术有限公司生产的 Retak 3i 红外非接触测温仪。

红外测温仪由光学系统、光电探测器、信号放大器及信号处理、显示输出等部分组成。测温时,将红外测温仪对准要测的物体,光学系统汇集其视场内的目标红外辐射能量,视场的大小由测温仪的光学元件以及位置决定。红外能量聚焦在光电探测仪上并转变为相应的电信号。该信号经过放大器和信号处理电路按照仪器内部的算法和目标发射率校正后转变为被测目标的温度值。低温超音速火焰喷涂的焰流温度测试如图 2.22 所示。

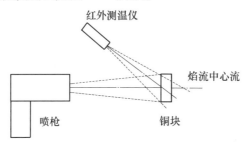

图 2. 22　焰流温度测试原理图

测试之前,将铜块放置于焰流中心线,焰流喷射到基体铜块上,使得铜块均匀受热,此时,让红外测温仪的光斑完全覆盖铜块正面,测试铜块的温度变化,待温度变化基本稳定时,记录红外测温仪的示值,间接得到焰流的温度。

表 2.14 为不同工艺参数下测试的喷枪出口 100mm 处焰流的温度值。在每一确定工艺条件下,测得的焰流温度并不是恒定不变的,而是在某一温度范围内上下波动。造成这种结果的原因是多方面的,首先,焰流是一种紊流,其本身的温度就是动态稳定的;其次,焰流的温度受外界环境的影响,加之仪器本身的漂移与测量误差,造成测量结果的波动。

表 2.14 低温超音速火焰喷涂焰流温度测试值

序号	煤油流量 /(L/h)	氧气流量 /(m³/h)	氮气流量 /(m³/h)	焰流温度 /℃	焰流平均温度 /℃
1	4	10	35	633、670、608、617、596	624.8
2	3	8	40	570、592、602、545、532	568.2
3	2	9	35	306、280、254、320、310	294.0
4	2	8	40	280、275、291、278、281	281.0
5	2	8	40	189、207、192、200、205	198.6

由测试结果可知,对于设计的低温超音速火焰喷涂系统,随工艺参数的变化和氮气注入增加,焰流的温度可在 $200 \sim 630℃$ 之间调整,实现了超音速火焰喷涂焰流的低温化。

2.11 小 结

综合应用射流动力学、燃烧学、传热学理论,并结合液体火箭发动机原理,研制了多功能超音速火焰喷涂系统,在氧气或空气助燃条件下均能形成超音速焰流,通过对焰流注入氮气或水进行降温处理,实现了超音速火焰喷涂焰流的低温化,形成低温超音速火焰喷涂技术,多功能超音速火焰喷涂焰流宽广的可调节性为多种材料的涂层制备提供了条件。

参 考 文 献

[1] 高荣发.热喷涂[M].北京:化学工业出版社,1991.1-2.

[2] 徐滨士.表面工程与维修[M].北京:机械工业出版社,1996.281-284.

[3] 刘国球.液体火箭发动机原理[M].北京:宇航出版社,1993.24-26.

[4] 朱宁昌.液体火箭发动机设计[M].北京:宇航出版社,1994.402-404.

[5] 张贵田.高压补燃液氧煤油发动机[M].北京:国防工业出版社,2005.152-155.

[6] Lech Pawlowski. The Science and Engineering of Thermal Spray Coatings[M]. JOHN WILEY & SONS, 1995.108-109.

[7] Tucker R C. An Overview of alternative Coatings for Wear and Corrosion Resistance[C]. Proceedings of the

15th International Thermal Spray Conference, Nice, France, 1998, 103 – 107.

[8] Wang B. Elevated Temperature Erosion Resistance of Several Experimental Amorphous Thermal Spray Coatings[C]. Proceedings of the 15th International Thermal Spray Conference, Nice, France, 1998, 151 – 155.

[9] Fritsch A, Gadow R, Killinger A. Development of Highly Wear Resistant Coatings for Deflector Blades in Paper Industry [C]. Proceedings of the 1st International Thermal Spray Conference, Germany, 2000, 1051 – 1055.

[10] Lee S W. High Temperature Wear Behavior of Plasma Spray Coating in Co – Based Alloy[C]. Proceedings of the 15th International Thermal Spray Conference, Nice, France, 1998, 299 – 304.

[11] Tobe S. A Review on Protection from Corrosion, Oxidation and Hot Corrosion by Thermal Spray Coatings [C]. Proceedings of the 15th International Thermal Spray Conference, Nice, France, 1998, 3 – 11.

[12] Lester T, Kingerley D J, Harrid S J, et al. Thermally Sprayed Composite Coatings for Enhanced Corrosion Protection of Steel Structures[C]. Proceedings of the 15th International Thermal Spray Conference, Nice, France, 1998, 49 – 55.

[13] Karthikeyan J, Kay C M. Cold Spray Processing of Titanium Powder[C]. Proceedings of the 1st International Thermal Spray Conference, Germany, 2000, 255 – 262.

[14] Kreye H, Stoltenhoff T. Cold Spraying—A Study of Process and Coating Characteristics[C]. Proceedings of the 1st International Thermal Spray Conference, Germany, 2000, 419 – 422.

[15] McCune R C, Cooper R P. Post – Processing of Cold Spray Deposits of Copper and Iron[C]. Proceedings of the 1st International Thermal Spray Conference, Germany, 2000, 905 – 908.

[16] Voyer J, Stoltenhoff T, Kreye H. Development of Cold Gas Sprayed Coatings. Thermal Spray 2003: Advancing the Science & Applying the Technology, (Ed.) C. Moreau and B. Marple, Materials Park, Ohio, USA, 2003, 71 – 77.

[17] Dykhuizen R C, Neiser R A. Optimizing the Cold Spray Process. Thermal Spray 2003: Advancing the Science & Applying the Technology, (Ed.) C. Moreau and B. Marple, Materials Park, Ohio, USA, 2003, 19 – 26.

[18] McCune R C. Potential Applications of Cold – Spray Technology in Automotive Manufacturing. Thermal Spray 2003: Advancing the Science & Applying the Technology, (Ed.) C. Moreau and B. Marple, Materials Park, Ohio, USA, 2003, 63 – 69

[19] Haynes J, Karthikeyan J. Cold Spray Copper Application for Upper Stage Rocket Engine Design. Thermal Spray 2003: Advancing the Science & Applying the Technology, (Ed.) C. Moreau and B. Marple, Materials Park, Ohio, USA, 2003, 79 – 83.

[20] Marx S, Paul A, Köhler A, et al. Cold spraying – innovative layers for new applications. Thermal Spray connects: Explore its surfacing potential! Basel, Switzerland, 2005.

[21] Vuoristo P, Mantyla T. Spra yability and Properties of TiC – Ni Based Powders in the Detonation Gun and HVOF Process[C]. Thermal Spray: A United Forum for Scientific and Technology Advances, ed. C. C. Berndt, ASM International, Materials Park, USA, 1997, 909 – 915.

[22] Nakahira H. Properties of Wear Resistant WC Cermet Coatings Sprayed by Advanced Jet – Kote Process [J]. Surface Engineering, 1988, Vol. 4, 300 – 301.

[23] Nieml K, Vuoristo P, Mantyla T. Abrasion Wear Resistance of Carbide Coatings Deposited by Plasma and High Velocity Combustion Process[C]. Proc. 13th International Thermal Spraying Conference, ASM International, Materials Park, USA, 1992, 685 – 689.

[24] de Paco J M, Nutting J, Guilemany J M, et al. Structure Property Relationships of TiC – Ni + Ti and (Ti, W) – Ni Powders Manufactured by the SHS Process and Resultant HVOF – Sprayed coatings[C]. Thermal

48

Spray: A United Forum for Scientific and Technology Advances, ASM International, Materials Park, USA, 1997, 935 – 942.

[25] Mutasim L, Bankar V, Rimlinger C. High Velocity Oxy – Fuel Thermal Sprayed Coatings as Alternatives to WC – 12Co Coatings and Chromium Plating[C]. Thermal. Spray: A United Forum for Scientific and Technology Advances, ASM International, Materials Park, USA, 1997, 901 – 908.

[26] Debarro J A, Dorfman M R, Metco S. The Development and Application of Chromium Plating Alternatives Using the HVOF Thermal Spray Process[C]. Proc. ITSC'95, Japan High Temperature Society, Japan, 1995, 651 – 656.

[27] Knotek O, Lugscheider E, Jokiel P, et al. Chromium Coatings by HVOF Thermal Spraying: Simulation and Practical Result[C]. Proc. 7th NTSC'94, ASM International, Materials Park, USA, 1994, 179 – 184.

[28] Lugscheider E, Jokiel P. Characterization of Particle Reinforced Nickel Hard Alloys Produced by Thermal Spraying[C]. Proc. 5th NTSC'93, ASM International, Materials Park, USA, 1993, 411 – 416.

[29] Kreye H, Fandrich D, Muller H H, et al. Microstructure and Bond Strength of WC – Co Coatings Deposited by Hypersonic Flame Spraying[C]. Proc. 11th ITSC'86, Canada Welding Research Institute, Canada, 1986, 121 – 128.

[30] 贾永昌. HVOF 运作的经济分析及其局限性[J]. 热喷涂技术, 2001(3): 3 – 10.

[31] Jacobs L, Hyland M M, De Bonte M. Comparative Study of WC – cermet Coatings Sprayed Via the HVOF and HVAF Processes[J]. Journal of Thermal Spray Technology, 1998(7): 213 – 218.

[32] Jacobs L, Hyland M M, De Bonte M. Wear Behavior of HVOF and HVAF Sprayed WC – Co Coatings[C]. Proceedings of the 15th International Thermal Spray Conference, Nice, 1998, 169 – 174.

[33] Jacobs L, Hyland M M, De Bonte M. Study of the Influence of Microstructural Properties of the Sliding Wear Behaviour of HVOF and HVAF Sprayed WC Cermet Coatings[J]. Journal of Thermal Spray Technology, 1999, (8): 125 – 132.

第三章　WC 耐磨涂层制备及性能研究

　　多功能超音速火焰喷涂的焰流速度高,焰流温度适中,而且焰流温度和速度在较大范围内可调,这为制备高性能的涂层创造了条件。超音速火焰喷涂制备的涂层中,最具应用价值的是碳化物金属陶瓷涂层,如 WC – Co、Cr_2C_3 – NiCr,碳化物的共同特点是:熔点高、硬度高、化学性能稳定,具有典型的金属性,其电阻率与磁化率可与过渡金属元素及合金相比,是金属性导体,热导率也比较高。

　　WC – Co 涂层具有结合强度高,孔隙率低,耐磨性好且具有较好的热硬度,在耐磨领域获得了广泛的应用。本章对多功能超音速火焰喷涂 WC – Co 涂层的结构和力学性能进行了试验分析,并对涂层制备工艺进行了优化。

3.1　试验材料与方案

3.1.1　WC 的特点

　　WC 和 Cr_2C_3 是超音速火焰喷涂中常用的材料。WC 与金属 Co、Ni 等复合,也可与钴基或镍基自熔性合金粉末、镍包铝自粘结复合粉末混合,广泛用于制备高耐磨涂层等领域。

　　碳化钨在常温下有相当高的硬度,且至 1000℃ 其硬度也下降较少,是高温硬度最高的碳化物。WC 硬度高,特别是热硬度很高,与 Co、Ni、Fe 金属的润湿性最好,而且,在温度升高到一定值时,能溶解在这些金属中,温度降低时又析出形成碳化物骨架,使 WC 能用 Co 或 Ni 金属作为粘结相进行高温烧结或复合,制造热强性和耐磨性很好的耐磨涂层。WC 的主要缺点是抗氧化能力差,在氧化性气氛中受强热易分解为 W_2C 和 W,这可通过采用抗氧化耐热金属粘接相、包覆层以及与 TiC 固溶形成复合碳化物的方法予以改善。WC 溶于氟化物,不溶于酸,在 500 ~ 800℃ 空气中,遭受严重氧化。通常 WC – Co 涂层主要应用在低温磨粒磨损和冲蚀磨损的工况,一般低于 550℃,在较高的温度(550 ~ 930℃),使用 NiCr – Cr_3C_2 涂层。

3.1.2　试验材料与试验设备

　　1. 喷涂粉末

　　粉末的制造方法主要有:烧结破碎法、包覆、团聚烧结和机械混合法。金属陶瓷是由两种性质不同的材料复合而成的,两者之间在熔点、硬度、比热容、密度等理化性能上相差较大,制造工艺对复合粉的形状与分布有较大的影响,进而影响粒子在焰流中的加速和加热,影响粒子沉积前的状态,从而影响涂层的性能。本实验选用的 WC – 12Co、WC – 17Co 和 WC10Co4Cr 粉末,烧结破碎法制备。粉末化学成分、粒度分布范围与制造工艺如表 3.1 所列,典型组织形貌如图 3.1 所示。

表 3.1 粉末的化学成分、粒度及制造工艺

粉末成分/wt%	粒 度/μm	制造方法
WC – 12Co WC – 17Co WC10Co4Cr	10 ~ 45	烧结破碎

(a) (b)

(c)

图 3.1 粉末的形貌特征

(a) WC10Co4Cr;(b) WC – 12Co;(c) WC – 17Co。

2. 基体材料及喷前准备

所有试样均为 45 钢材料,喷涂前,试样经除油除锈及喷砂粗化处理。

3. 涂层制备工艺

在多功能超音速火焰喷涂中,煤油流量、氧气流量、空气流量(或氧气与氮

气的流量)、喷涂距离及送粉率是重要的工艺参数。煤油流量、氧气流量、空气流量(或氧气与氮气的流量)及它们之间的混合比决定了燃烧产生的热量和焰流的特性,从而影响焰流与粒子间的热量与动量交换,进而影响涂层的性能。喷涂距离是一个重要的参数,喷涂距离太小时将导致涂层温度过高,分解脱碳甚至形成过大的热应力造成涂层结合强度下降,喷涂距离太大,粒子到达基体时速度降低,涂层的致密性将下降,适当的喷涂距离可提高结合强度并减小氧化物含量。

涂层的制备采用自行研制的多功能超音速火焰喷涂设备,根据喷涂系统的设计参数与计算测量的射流特性参数,结合涂层的初步试验,确定了 WC-Co 涂层的制备工艺,如表 3.2 所列,1# 对应 HVOF 状态,3# 对应 HVAF 状态,2# 对应 HVOF 与 HVAF 的中间状态,限于实验室空压机压力的限制,喷涂工艺中的空气助燃由高压氧气与氮气混合而成。

表 3.2　喷涂工艺参数

编号	煤油流量 /(L/h)	氧气流量 /(m^3/h)	氮气流量 /(m^3/h)	送粉流量 /(kg/h)	喷涂距离 /mm
1#	18	40		8	380
2#	12	30	20	6	350
3#	6	20	45	4	280

4. 试验方法

试验设备采用自行研制的多功能超音速火焰喷涂设备,涂层按表 3.2 所列工艺制备。涂层的组织结构采用 HX-1000B 型金相显微镜和日本电子 JSM-840 扫描电镜,相结构分析采用日本理学 D/max-3c X-ray 衍射仪进行分析,涂层的结合强度在 Instron 1195 电子拉伸试验机上按 ASTM C633-79 拉伸试验标准进行测试,涂层的显微硬度采用 NEOPHOT-21 型硬度计测量。

涂层的耐磨粒磨损性能采用干沙橡胶轮磨损试验来测试。试样尺寸为 30mm×20mm×3mm,涂层厚度为 0.2mm。试验参数为:载荷:13N;橡胶轮转速:50r/min;橡胶轮直径:250mm;磨料:100 目棕刚玉;砂流量:100g/min;磨损时间:15min。

冲蚀磨损是指材料表面受到流动磨粒冲击时的损失过程。试样尺寸为 65mm×45mm×3mm,涂层厚度为 0.2mm,试验参数为:冲蚀距离:100mm;压缩空气压力:0.3MPa;空气流量:140L/min;磨料:60 目棕刚玉;冲蚀角度:30° 与 90°,每次冲蚀磨料为 20g,连续冲蚀直到冲蚀磨损失重量稳定变化为止。

3.2　涂层结构与分析

涂层的结构通常可分为扁平粒子层间结构和粒子内部结构两个层次。层间结构主要包括:孔隙率、层间界面状况、微裂纹、扁平粒子厚度等。扁平粒子内部结构主要包括:碳化物颗粒大小与含量、晶体结构及缺陷、晶粒大小等。图3.2、图3.3为喷涂层的典型结构,由图可知,涂层均匀致密,多角形的碳化物颗粒均匀分布在涂层内,就涂层的致密性来说,WC-17Co 和 WC10Co4Cr 涂层比 WC-12Co 涂层致密。孔隙率是涂层性能的一个重要指标,孔隙率越低,涂层的耐磨性越好,硬度越高,涂层性能越好,涂层内的裂纹和气孔加速涂层的磨损,影响涂层的磨损性能。

图3.2　多功能超音速火焰喷涂层

(a) 1# WC-12Co；(b) 1# WC-17Co；(c) 2# WC-12Co；
(d) 2# WC-17Co；(e) 3# WC-12Co；(f) 3# WC-17Co。

3.2.1　孔隙率

涂层的孔隙率指涂层中的各种孔隙、变形粒子间未结合面所占的体积百分比。本试验采用金相分析法测量孔隙率。试验测得的涂层孔隙率如表3.3所列。

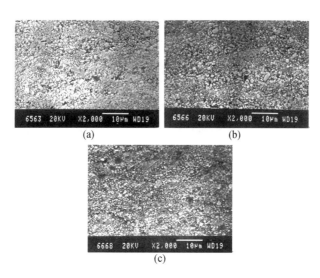

图 3.3 多功能超音速火焰喷涂层

(a) 1# WC10Co4Cr; (b) 2# WC10Co4Cr; (c) 3# WC10Co4Cr。

表 3.3   涂层的孔隙率/%

涂 层	1#	2#	3#
WC – 12Co	<3	<3	<3
WC – 17Co	<1	<1	<1
WC10Co4Cr	<1	<1	<1

由表 3.3 可知,WC – 17Co、WC10Co4Cr、WC – 12Co 涂层的孔隙率都较低,且三种喷涂状态下制备的涂层孔隙率相差较小,WC – 17Co 和 WC10Co4Cr 涂层的孔隙率比 WC – 12Co 涂层低,都约为 1% 。在 WC – 17Co 和 WC10Co4Cr 涂层中,涂层中黏结相增多,提高了涂层中变形粒子间的结合,所以这两种涂层的孔隙率比 WC – 12Co 涂层相对低些。

在多功能超音速火焰喷涂中,焰流速度高,粒子速度高,沉积时对基体的撞击作用力强,变形充分,有利于粒子与基体及粒子之间的结合,因而涂层的孔隙率低。

3.2.2 粒子形貌

图 3.4、图 3.5 为涂层的内部结构,由图可知,碳化物粒子呈多角状,碳化物粒子的周围是黏结相,说明喷涂时,碳化物粒子并没有熔化,黏结相弥散分布在涂层中。在多功能超音速火焰喷涂中,焰流温度较低,特别是在 2# 和 3# 状态,粉末在焰流中受热后,只有黏结相为液态,而碳化物仍为固态,或呈软化状态,所以涂层中的碳化物粒子为固态 ,而粘结相 Co 作为涂层的基体相弥散分布在涂层

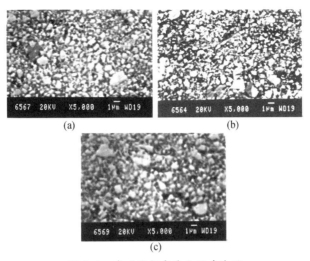

图 3.4 多功能超音速火焰喷涂层

(a) 1# WC10Co4Cr；(b) 2# WC10Co4Cr；(c) 3# WC10Co4Cr。

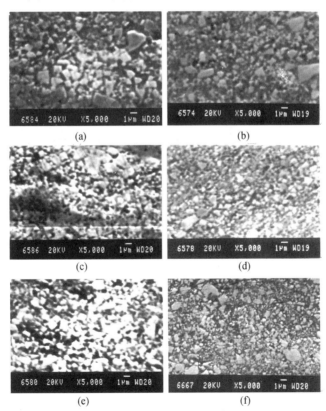

图 3.5 多功能超音速火焰喷涂层

(a) 1# WC - 12Co；(b) 1# WC - 17Co；(c) 2# WC - 12Co；

(d) 2# WC - 17Co；(e) 3# WC - 12Co；(f) 3# WC - 17Co。

中。三种不同材料的涂层的粒子分布都比较均匀,而且,在三种喷涂状态下 WC 粒子的粒度和分布差别较小,在三种材料的涂层中,WC10Co4Cr 涂层内的碳化物平均粒度最小,分布最均匀。

通常认为,在金属陶瓷涂层中,在韧性和耐蚀性的基体上分布一定数量、颗粒细小的碳化物,有利于提高涂层的耐磨粒磨损和冲蚀磨损性能,并降低涂层的孔隙率。

3.3　涂层的相结构与分析

图 3.6 为喷涂层的 X - ray 结果,由图可知,在 WC - 12Co 涂层中,随着氮气量的增加,WC 的分解减少,在 3#(HVAF) 状态下,WC 几乎不发生分解。WC - Co 涂层主要由 WC、W_3Co_3C 及少量 Co 相组成。由于多功能超音速火焰喷涂的焰流温度可调,在 HVAF 状态下,焰流的温度较低,所以 WC 几乎不发生分解。

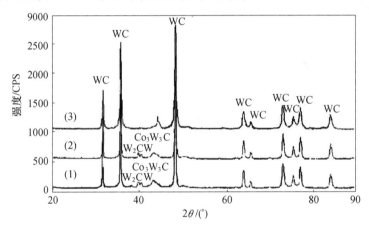

图 3.6　多功能超音速火焰喷涂 WC - 12Co 涂层的相结构

涂层中的碳化物类型对涂层性能有影响,研究表明,WC - Co 涂层内的 W_2C、W_3Co_3C 脆性相的存在降低了涂层的韧性,不利于涂层的耐磨性能。

3.4　涂层显微硬度与分析

表 3.4 为涂层的显微硬度测试结果。由表可知,对于 WC - Co 涂层,在 3# 喷涂条件下,涂层的显微硬度最高。由涂层的相分析结果可知,随着喷涂时氮气量的增加,涂层中的 WC 分解减少,在 HVAF 喷涂条件下,涂层中的 WC 几乎不发生分解,所以此条件下制备的涂层的硬度高。三种材料的涂层显微硬度相差较小,按从大到小的顺序为 WC10Co4Cr、WC - 12Co、WC - 17Co。

表 3.4　涂层的显微硬度(15s,300g)

涂 层	喷涂状态	测 量 值					平均值
WC – 12Co	1#	1027	975	1145	1027	975	1029
	2#	1283	1145	1027	975	1027	1091
	3#	1050	1145	1145	1283	1145	1153
WC – 17Co	1#	1211	1027	927	975	1211	1070
	2#	1027	1084	1027	975	975	1017
	3#	1211	1027	1084	1211	1027	1112
WC10Co4Cr	1#	1211	1211	927	1145	1050	1108
	2#	1027	975	1145	1050	1211	1081
	3#	975	1362	1283	1283	1283	1237

3.5　涂层结合强度与分析

表 3.5 为 WC – 12Co 涂层的结合强度测试结果,WC – Co 涂层的平均结合强度均大于 70MPa,且拉伸样断裂时断面出现在胶层,而不是在涂层内部,说明涂层的结合强度大于测量值。图 3.7、图 3.8 为涂层与基体结合界面区域的结构图,由图可知,涂层与基体结合较好,结合界面上没有大的孔隙和裂纹。涂层的结合强度与层间界面的形貌、基体表面状态等有关,在一定的范围内,涂层的结合强度随表面粗糙度的增加而增加。在超音速火焰喷涂中,固液两相共存是涂层结合强度高的必要条件,即黏结相为液态,而 WC 等硬质相为固态,此时粒子沉积时对基体的冲击能量大。

表 3.5　涂层的结合强度/MPa

涂 层		测 量 值					平均值	备注
WC – 12Co	1#	78.4	74.2	70.8	71.4	68.2	72.8	断于胶层
	2#	73.0	54.4	78.6	65.6	40.6	62.4	断于胶层
	3#	70.2	65.0	74.6	75.0	73.0	71.6	断于胶层

多功能超音速火焰喷涂的粒子速度高,粒子沉积时对基体的撞击作用强,有利于粒子与基体的结合及粒子之间的结合,因而涂层的结合强度高。

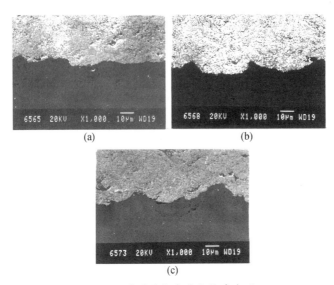

图 3.7 多功能超音速火焰喷涂层

(a) $1^{\#}$ WC10Co4Cr；(b) $2^{\#}$ WC10Co4Cr；(c) $3^{\#}$ WC10Co4Cr。

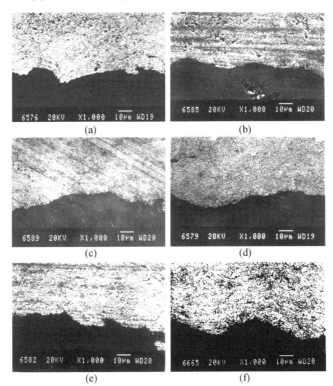

图 3.8 多功能超音速火焰喷涂层

(a) $1^{\#}$ WC – 12Co；(b) $1^{\#}$ WC – 17Co；(c) $2^{\#}$ WC – 12Co；

(d) $2^{\#}$ WC – 17Co；(e) $3^{\#}$ WC – 12Co；(f) $3^{\#}$ WC – 17Co。

3.6 涂层磨粒磨损性能与分析

表3.6为涂层的磨粒磨损失重量。由表可知,三种材料的涂层抗磨损性能相差不大,其中WC10Co4Cr涂层的抗磨损性能相对较好。随着喷涂状态从HVOF到HVAF转变,涂层的磨损失重量呈现减少的趋势。

表3.6 涂层的磨粒磨损失重量

涂 层		失重量/mg	平均值
WC－12Co	1#	12.5 12.4	12.45
	2#	8.0 10.7	8.85
	3#	11.2 10.8	11.0
WC－17Co	1#	14.8 13.6	14.2
	2#	12.1 10.8	11.45
	3#	11.9 10.7	11.3
WC10Co4Cr	1#	13.1 11.8	12.45
	2#	11.7 11.7	11.7
	3#	6.0 8.7	7.85

影响WC－Co涂层磨粒磨损的因素有:涂层的结构、相组成、磨粒及载荷等。涂层磨粒磨损的主要机制是由磨粒粒子的挤压,导致涂层次表面下由WC分解形成的脆性相处产生裂纹,裂纹沿粒子周边富W的黏结相区扩展,最后导致剥落。有的试验发现磨损表面存在碳化物剥落坑和碳化物颗粒压碎的痕迹,碳化物剥落是主要的磨损机制。

图3.9是WC－17Co涂层磨粒磨损后的形貌,由图可知,三种喷涂条件下制备的涂层磨损形貌基本类似,涂层中出现了较深的犁沟,在涂层表面出现了碳化物剥落的凹坑,碳化物仍然以多角状分布在涂层中。磨痕主要集中在涂层内的黏结相表面,而碳化物颗粒表面很少,有些碳化物颗粒的周围几乎没有黏结相的存在,磨料对涂层内粒结相的切削使碳化物颗粒完全从涂层中暴露了出来。因此,多功能超音速火焰喷涂WC－17Co涂层磨粒磨损失效机制为黏结相的犁削和WC颗粒的剥落。磨料切削涂层内硬度低的黏结相Co,使WC粒子失去黏结相的包裹而暴露,最终在磨料的作用下剥落。

图 3.9 WC – 17Co 涂层磨粒磨损后的形貌

(a) 1# WC – 17Co；(b) 2# WC – 17Co；(c) 3# WC – 17Co。

3.7 涂层冲蚀磨损性能与分析

表 3.7 为涂层在冲蚀角度为 90°时的冲蚀磨损失重量。由表可知,三种涂层在此角度下的失重量很接近,特别是 WC – 17Co 和 WC10Co4Cr 涂层,除 WC – 12Co 涂层外,其余两种涂层在不同喷涂状态下的失重量也很接近,特别是 WC10Co4Cr 涂层,三种喷涂状态下的涂层失重量几乎相同。

表 3.7　涂层的冲蚀磨损失重量(90°)

涂　层		失 重 量/mg							平均值
WC – 12Co	1#	16.7	14.2	15.3	13.5	14.3	12.5	11.5	14.0
	2#	12.8	17.9	18.5	17.8	16.3	15.7	11.2	15.7
	3#	13.6	12.5	11.7	11.3	12.3	11.5	8.7	11.8
WC – 17Co	1#	15.0	11.1	12.7	12.5	11.2	10.8	8.5	11.6
	2#	15.8	14.7	13.0	12.0	11.8	12.0	8.9	12.7
	3#	13.8	15.1	10.5	12.0	11.3	10.8	10.1	11.9
WC10Co4Cr	1#	15.8	12.6	10.1	11.3	10.3	10.2	7.9	11.1
	2#	13.5	13.4	10.9	13.0	11.4	10.9	8.9	11.8
	3#	14.4	14.3	11.9	13.2	11.9	12.3	11.0	11.0

表 3.8 是涂层在冲蚀角度为 30° 时的冲蚀磨损失重量。由表可知,三种涂层的磨损失重量比较接近,除 WC-12Co 在 HVAF 状态下制备的涂层磨损量出现大幅度增大外,其余两种涂层在三种喷涂状态下的失重量变化不大。比较 30° 和 90° 的冲蚀磨损失重量可知,90° 冲蚀磨损时的失重量大。

表 3.8 涂层的冲蚀磨损失重量(30°)

涂层		失 重 量/mg							平均值
WC-12Co	1#	13.3	11.8	11.7	10.6	8.6	8.5	10.1	10.9
	2#	15.8	10.3	11.7	10.6	8.9	8.7	8.6	10.8
	3#	25.5	18.4	22.3	15.7	18.6	16.2	15.6	17.6
WC-17Co	1#	11.6	8.9	11.7	8.5	8.5	7.6	8.9	8.52
	2#	12.3	8.9	10.5	8.6	7.1	7.2	7.6	8.02
	3#	8.6	8.6	11.3	8.3	8.8	7.0	8.8	8.05
WC10Co4Cr	1#	14.0	12.9	10.4	8.1	8.9	8.8	7.9	10.2
	2#	12.5	8.6	8.9	7.8	7.1	8.4	6.8	8.72
	3#	12.0	8.8	8.4	7.7	8.5	8.6	7.4	8.05

冲蚀磨损机制与涂层结构、冲蚀材料和冲蚀条件等有关。WC-Co 涂层存在两种冲蚀磨损机制,一种是微切削,冲蚀粒子将相对软的基体黏结相冲蚀后,导致碳化物的暴露,受冲蚀粒子的作用而剥落;第二种是疲劳裂纹剥落,涂层在冲蚀粒子的冲击下,在次表面产生裂纹,进而扩展、剥落。涂层的冲蚀磨损机制包括塑性流动和脆性剥落,涂层中黏结相的含量会影响冲蚀磨损行为。低黏结相的涂层主要为冲蚀磨损机制,表面出现裂纹、粒子剥落等。高黏结相的涂层呈现塑性流动特征,涂层表面出现凹坑和切削犁沟。冲蚀粒子速度对磨损机制有影响,低速时,涂层呈现塑性冲蚀特征,涂层中出现切削犁沟和塑性变形,高速时,涂层呈现脆性冲蚀机制,涂层出现开裂和剥落。

图 3.10 为 30° 冲蚀时 WC-17Co 涂层的冲蚀磨损后的形貌。由图可知,涂层冲蚀磨损部分出现塑性冲蚀特征,涂层中出现了大量的犁沟,且集中在黏结相 Co 的区域,碳化物颗粒与黏结相结合界面处还出现了裂纹,磨损区域表面有碳化物剥落的凹坑。在磨料的冲击下,黏结相受到切削,在黏结相与 WC 颗粒的结合界面产生裂纹,随着黏结相逐渐被切削和裂纹的扩展,最终导致 WC 颗粒的剥落。

图 3.11 为 90° 冲蚀时 WC-17Co 涂层的冲蚀磨损后的形貌,三种涂层的形貌相似。由图可知,受磨料的垂直冲击作用,在涂层的垂直冲蚀区域出现了一个大凹坑,凹坑的周围呈辐射状分布着切削犁沟,碳化物颗粒与黏结相结合界面处出现了裂纹,涂层中出现了碳化物的剥落。与 30° 冲蚀不同,涂层中的犁沟明显减少。90° 冲蚀时涂层磨损的形式为:在磨料的垂直冲击下,直接冲击区域出现

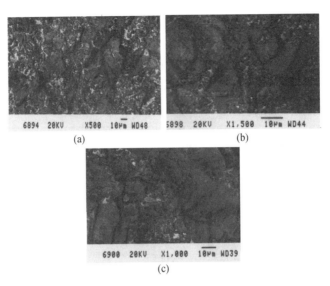

图 3.10 1#WC - 17Co 涂层 30°冲蚀磨损后的形貌

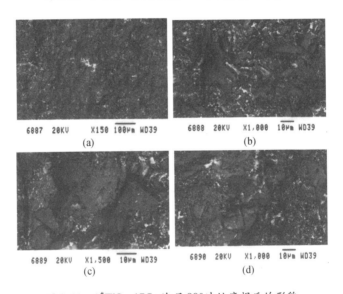

图 3.11 1#WC - 17Co 涂层 90°冲蚀磨损后的形貌

塑性变形,形成凹坑,凹坑周围受到冲蚀粒子的冲刷形成切削犁沟,涂层受到变形的挤压和冲蚀粒子的冲击,黏结相与 WC 颗粒的结合界面产生裂纹,裂纹扩展导致 WC 颗粒的剥落。

3.8 多功能超音速火焰喷涂纳米结构 WC 涂层

纳米技术是 20 世纪 80 年代诞生并正在迅速发展的新技术,它的研究范围是人类过去很少涉及的宏观与微观之间的过渡领域,开辟了人类认识世界的新层次。由于纳米材料在力、热、声、光、电、磁等方面与普通材料的巨大差异,纳米材料的发展得到了世界各国的重视。当前,纳米粉体的制备技术已取得重大进展,众多研发机构致力于纳米粉末的制备,并可向市场提供较为成熟的粉体。试验表明,有多种表面工程技术可在普通材料表面制备低维、小尺寸的纳米结构表面层,显著改善材料的组织结构或赋予材料新的性能,以提高产品的性能,其中,利用热喷涂技术制备纳米结构涂层是一种典型的途径。

热喷涂技术能将粉末状的材料熔化或软化后喷向工件表面形成涂层,以提高机械零部件耐磨、耐蚀、耐热等性能。以纳米粉末为喷涂材料,利用热喷涂技术制备纳米级晶粒涂层是纳米材料应用的重要方面,该方法工艺灵活,并具有良好的经济性。纳米 WC – Co 涂层组织结构好,纳米级微粒弥散分布于 Co 相中,涂层显微硬度增高,特别是涂层的耐蚀性大幅度提高。纳米结构的 Al_2O_3/Ti_2O 涂层,致密度可达 95% ~98%,结合强度比普通粉末提高 2 ~3 倍,抗磨粒磨损性能提高 2 倍,涂层的弯曲试验比普通涂层提高 2 倍。多功能超音速火焰喷涂可通过调节焰流的速度温度特性,形成适于多种纳米粉末喷涂的焰流,与普通喷涂方法相比,为纳米涂层的制备提供了更为理想的手段。

3.8.1 试验材料与试验方法

在热喷涂中,纳米级的粒末输送和沉积都比较困难,纳米粒子的表面能高,容易团聚和吸潮,造成粉末结块,流动性很差,粉末的输送相当困难;纳米粒子的重量轻,惯性小,粒子在焰流中的波动性大,由于空气的卷吸作用,粒子沉积前的飞行过程中极易呈雾状飞散,沉积效率低。为了适应超音速火焰喷涂的要求,纳米粒子必须经过造粒处理,使用化学或物理方法,将细小的纳米粒子团聚成均匀的微米级粒子,以满足送粉和沉积的要求。本试验粉末由 infroma 公司提供,商用牌号为 S7412,粉末的晶粒度约为 50 ~500nm,团聚处理后的粉末粒度为 1 ~45μm。为了对比,对微米级粉末也进行了试验,涂层的制备工艺如表 3.2 所列。图 3.12 为造粒后的 Wc –12Co 纳米粉末的形貌。

3.8.2 试验结果与讨论

图 3.13 为三种涂层的 SEM 形貌。由图可知,三种涂层显微组织差别很小,WC 粒子弥散分布在 Co 基体上,涂层均匀致密,粒子间的界面明显,粒子大小分布在 100 ~300nm 范围内,涂层形成过程中,纳米颗粒造粒形成的微米级粒子高速撞击基体后,团聚的大颗粒分散开来形成均匀的纳米结构涂层。图 3.14 为纳米与微米结构 WC –12Co 涂层对比,与微米结构涂层相比,纳米结构涂层的组织结构细小致密得多。

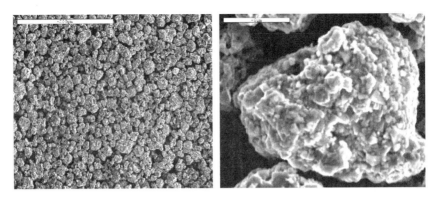

图 3.12 造粒后的 WC – 12Co 纳米粉末的形貌

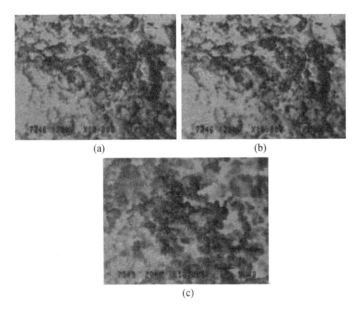

(a)

(b)

(c)

图 3.13 纳米结构 WC – 12Co 涂层

(a) 1#; (b) 2#; (c) 3#。

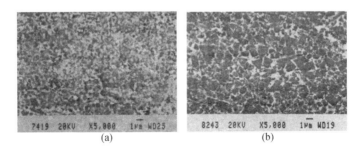

(a)

(b)

图 3.14 3 状态下纳米与微米结构涂层的对比

(a) 纳米 WC – 12Co; (b) 微米 WC – 12Co。

图 3.15 为涂层的相结构,图中(1)、(2)、(3)分别表示表 3.2 中的涂层制备工艺编号,由图可知,在 HVOF(1#)状态下,纳米结构 WC – 12Co 粒子分解较严重,涂层中出现了较多的 W_2C 相,2# 和 3# 状态下粒子的分解相对较少。随着氮气量的增加,焰流温度不断下降,在 HVAF 状态下,焰流的温度大约只有 1400℃,有效地控制了 WC 的分解。在多功能超音速火焰喷涂中,纳米结构 WC – 12Co 涂层比微米结构 WC – 12Co 更容易出现分解脱碳。

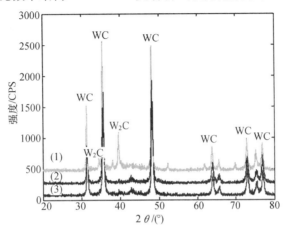

图 3.15　纳米结构 Wc – 12Co 涂层相组成

涂层的显微硬度测试结果如表 3.9 所列,由表可知,与微米结构 WC – 12Co 涂层相比,纳米结构涂层的显微硬度高得多,且 2# 状态下的显微硬度最大。由于纳米结构涂层比微米结构涂层致密得多,所以涂层硬度增高,大约提高 0.4 ～ 0.5 倍。至于三种纳米结构涂层硬度的差别,初步分析认为,在 1# 状态下,WC 出现了较多的分解,降低了涂层的硬度;从涂层相组成上看,2# 和 3# 状态差别很小,而 2# 焰流速度比 3# 高,粒子沉积时的速度高,基于超音速火焰喷涂高粒子速度获得高性能涂层的理念,2# 状态比 3# 状态下的纳米结构 WC – 12Co 涂层性能优越,因而涂层硬度高。

表 3.9　涂层显微硬度(500g,15s)

序号	测 量 值				平均值
1	1372	1454	1415	1296	1384
2	1545	1484	1501	1526	1514
3	1514	1501	1420	1449	1471
4	1050	1027	1145	1050	1068

由试验结果可知,通过调节多功能超音速火焰喷涂焰流的温度,可以制备纳米碳化钨陶瓷涂层,涂层比较完整地保留了纳米粉末的特性。

3.9 多功能超音速火焰喷涂 WC – Co 涂层的应用

多功能超音速火焰喷涂具有氧气煤油超音速火焰喷涂(HVOF)、空气煤油超音速火焰喷涂(HVAF)和部分冷喷涂的功能,焰流速度和温度在大范围内连续可调,除具备超音速火焰喷涂本身的优点外,还特别适合新的功能涂层的制备,如铜涂层,铝涂层,高分子金属、高分子陶瓷复合涂层等,拓展了超音速火焰喷涂的涂层制备范围,对研究有积极的作用。

多功能超音速火焰喷涂在工业中的应用主要集中在机械制造、航空航天、水利电力、石油化工、冶金、造纸、阀门等领域,主要用于制备耐磨 WC – Co 金属陶瓷涂层,特别是在温度不太高的工况。前述试验表明,在 HVAF 状态下,由于可有效地减少 WC 的分解脱碳,涂层性能优于 HVOF 状态,但是,由于焰流温度较低,HVAF 对粉末的要求比 HVOF 高,要求粉末更细,分布更均匀,否则沉积效率会下降,而且,在 HVOF 状态下,粉末输送更容易,考虑到国产粉末的现状和经济性,制备耐磨 WC – Co 涂层时还是采用 HVOF 状态。近年来,我国制造业发展势头不减,对耐磨材料和耐磨涂层的需求依旧旺盛。多功能超音速火焰喷涂典型的应用见表 3.10。

表 3.10 超音速火焰喷涂的典型应用

应用领域	典型零部件
冶 金	辊类、轴类、风机叶片
化 工	阀门、反应釜、管道、轴类
电 力	锅炉四管、风机叶片
石 油	抽油泵、活塞、液压柱塞、轴类
造纸印刷	压光辊、机辊筒、涂布辊、烘缸、卷纸辊、刀具
一般机械	轴类

3.9.1 冶金业中的应用

在冶金行业,有多种轧辊和输送辊需要耐磨强化或修复,其中,冷轧带钢连续退火炉底辊是重要的一种。冷轧带钢依靠炉内一组炉辊的转动实现作业,退火炉内的温度一般达 450～1200℃,炉辊在高温下连续输送带钢,钢带表面的氧化膜或沉积的铁屑被还原与活化,生成铁、Fe_3O_4 和 FeO 及其他化合物,在与辊面间的摩擦力作用下,产生很大的挤压应力,辊面的保护膜被挤破,裸露的新鲜表面就会与活化了的铁粉在压应力下产生固相焊接,使辊面产生结瘤,破坏了辊面原有的粗糙度,带钢会被结瘤划伤,影响表面质量。

辊面的结瘤现象,实际上是粘着磨损。为了减少结瘤给钢带生产造成的损失,热喷涂方法被广泛采用。通常在辊面喷涂 NiCr – Cr$_3$C$_2$ 涂层,它具有抗高温氧化、抗热震、抗磨损的特点,能使炉底辊在高温下长时间地连续工作,且经受周期性的热冲击。当炉低辊工作温度超过 900℃时,一般喷涂 Co 基合金。

在冶金生产线,使用了大量的输送辊,输送各类钢材,长期使用后出现磨损,影响钢材质量。输送辊的工作温度相对较低,其表面可喷涂 Co 基 WC 涂层,该涂层一般可在 450℃下工作,有很好的耐磨性和综合力学性能。

图 3.16 为多功能超音速火焰喷涂 Co 基 WC 涂层对酸洗镀锌辊进行表面强化,以提高其工作寿命,应用单位为邯郸钢铁集团。

(a)   (b)

图 3.16 喷涂酸洗镀锌辊
(a)实施喷涂;(b)喷涂完成。

3.9.2 造纸印刷业中的应用

用多功能超音速火焰喷涂制备的 WC 涂层压光辊,比冷硬铸铁更能显示出优良的耐磨性,WC 涂层还具有很高的滚动接触疲劳强度,能承受压光辊的辗压力,涂层致密,可以磨削至镜面,耐腐蚀性也优于电镀辊面。可在碳钢辊表面喷涂 WC 涂层,尤其适合于制造超大型压光辊,不存在冷硬铸铁的铸造缺陷,此外,该涂层还可喷涂在脱水箱面板表面,仅 0.15mm 的厚度耐磨性就足以胜过不锈钢几十倍。

多功能超音速火焰喷涂陶瓷涂层在涂布机的涂布辊上,亲水性能远远胜于电镀辊面,带水、上料均匀度好。陶瓷涂层内分布有微细毛孔,具有一定的吸水能力,可增强涂层的润湿性。

陶瓷与金属陶瓷涂层都具有对不相关物质不粘连的特性,应用于烘干区烘干辊表面,可有效防止粘胶发生,且涂层耐磨寿命远远大于氟塑料防粘涂层,防粘效果与塑料涂层相当。

Mo 作为热喷涂材料,曾经广泛应用在造纸机卷纸辊上,而 Mo 并不是理想的防滑材料,因 Mo 本身具有自润滑特性。对于大型卷纸辊,由于无法进行预热,火焰喷涂 Mo 往往达不到高的结合强度,而用电弧喷涂 Mo 又因温度高而使涂层过度氧化。多功能超音速火焰喷涂 WC 或 NiCr 合金,涂层制备时不需预热工件,获得的涂层均匀致密,且有一定粗糙度,具有较高的摩擦系数,防滑性能优于喷涂 Mo 涂层。

3.9.3　石油工业中的应用

在石油工业中,有大量的机械设备,如泵、阀、钻井机械、输运设备、提升设备、管道等,影响它们寿命的重要因素是磨损与腐蚀。多功能超音速火焰喷涂在强化和修复抽油泵活塞杆方面有很好的应用效果,活塞杆喷涂 WC 涂层强化后,耐磨性大大提高,使用寿命提高数倍。

在石油机械中,阀座和轴类零部件的磨损也比较严重。由于多功能超音速火焰喷涂制备的 Co 基 WC 涂层,残余应力低,涂层厚度可达 2mm,甚至更厚,而涂层与基体结合好,在承受重载的磨损件的尺寸恢复中有较好的应用。图 3.17 为喷涂后的阀座,在阀座的锥形密封面,喷涂了厚度约为 0.6mm 的 WC – Co 涂层,以提高其耐磨性能,应用单位为陕西航天泵阀总厂。

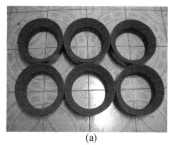 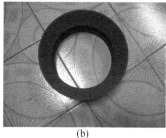

(a)　　　　　　　　　　　　　　(b)

图 3.17　喷涂后的阀座

3.9.4　电力系统中的应用

在我国,由于受能源结构的制约,在相当长一段时间内,火力发电在电力中占有相当大的比例。风机、叶轮、锅炉、汽轮发电机组等是在火力发电中的重要设备,由于工作环境不同,且工况较恶劣,部分设备寿命较短,影响生产的安全性和经济效益。由于多功能超音速火焰喷涂层性能优异,在电力中有很成功的应用。

在电力中,煤粉依靠送粉机进行输送,送粉机叶片受到高速煤粉的强烈磨损和冲刷,损坏特别严重。叶片的强化措施有喷熔、堆焊、镶嵌陶瓷片、超音速火焰喷涂等。喷熔、堆焊热输入量大,容易造成叶片变形,破坏叶轮原有的平衡状态,也易造成喷熔、堆焊层材料的相变、脱碳,甚至产生裂纹等失效,但它的优点是强化层与基体的结合力强;镶嵌陶瓷片因粘合剂的结合力低和老化原因容易造成脱落,使用效果受影响。采用多功能超音速火焰喷涂碳化物陶瓷涂层,涂层制备时工件温度低于 200℃,热输入量小,工作不变形,涂层宏观硬度在 HRC65 以上,耐冲蚀性能大大提高。

电厂锅炉水冷壁管受高温腐蚀和冲蚀磨损,失效严重,对电力生产影响很大。在国外,最成功的防护措施是超音速火焰喷涂碳化物陶瓷涂层,在国内,通常的表面防护措施是采用电弧喷涂镍铬合金和铁铬铝合金耐磨涂层,二者相比,超音速火焰喷涂的涂层性能和防护寿命比电弧喷涂大大提高。多功能超音速火焰喷涂 $NiCr - Cr_2C_3$ 涂层在水冷壁管的应用表明,涂层硬度高,耐高温性能好,防护寿命长。

3.9.5 液压气动设备中的应用

泵、缸、阀是组成液压和气动系统的基本单元,磨损和介质的腐蚀是制约其使用寿命的关键因素。利用多功能超音速火焰喷涂技术可对泵轴、缸活塞杆、阀芯等进行强化和修复,这些部件要求有较高的精度和较低的表面粗糙度,多功能超音速火焰喷涂层经磨削后精度和表面粗糙度均能满足其使用要求。图3.18是海军某修理厂对腐蚀失效后的开盖液压活塞进行修复,原镀硬铬活塞表面的点状腐蚀坑深达1mm,去镀铬层修整后,喷涂厚约2mmWC - Co涂层,磨削后尺寸与表面质量均能达到使用要求。

(a)　　　　　　　　　　　　(b)

图3.18　喷涂活塞杆
(a)喷涂前;(b)喷涂完成后。

硬密封球阀在工业中有广阔的应用,它依靠阀芯和阀座间的硬密封来控制流体通断,由于不需要使用非金属密封材料,具有结构紧凑、密封可靠、耐蚀性强的特点,在化工行业有广阔的应用前景。在硬密封球阀的阀芯上制备一定厚度的耐磨耐蚀金属陶瓷涂层,并磨削至需要的精度和表面粗糙度,可大大提高密封性能和使用寿命。

多功能超音速火焰喷涂还可制备高性能的镍基合金涂层,图3.19为喷涂镍基合金修复柱塞杆,用于某核电站关键设备,使用寿命可达到原件的3倍以上,解决了装备运行过程中出现的难点问题,受到俄方核电站专家的高度评价。

目前,在国际国内热喷涂界,正积极进行超音速火焰喷涂技术部分取代电

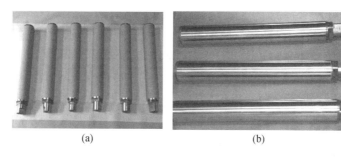

图 3.19　喷涂镍基合金涂层修复核电站柱塞杆

(a) 喷涂后；(b) 磨削加工后。

镀硬铬的研究。由于电镀硬铬对环境的严重污染,越来越受到环境保护方面的压力,急需其他技术来替代。已有研究表明,超音速火焰喷涂的涂层性能,如结合力、涂层强度、可制备的涂层厚度、耐磨性、耐蚀性方面均优于或相当于电镀硬铬层,是替代电镀硬铬技术的优选技术。在超音速火焰喷涂替代镀硬铬领域,HVOF 和镀硬铬工艺特性的比较如表 3.11 所列。在替代镀硬铬领域,多功能超音速火焰喷涂技术已取得了重要的应用,特别是在附加值较高的军事装备维修方面,受到军方的高度评价。

表 3.11　HVOF 和镀硬铬工艺特性的比较

	HVOF	镀硬铬
工件尺寸	无限制	有限制
工件形状	不规则形状需制作夹具或采用机械手	不规则形状需制作特殊阳极
内孔涂镀	大内孔	可
涂镀层厚度	2 mm 左右,最大 10mm	$5 \sim 200 \mu m$
效率	$0.2mm \times 1m^2/h$	$0.025mm \times 1m^2/h$
前处理	除油除锈,研磨抛光、预热	除油除锈,喷砂
残余应力	小	大
涂镀层缺陷	存在孔隙,约为1%	氢脆
后处理	磨削	磨削
环境污染	噪声、粉尘、易削除	Cr^{+6},难削除

3.10　小　结

多功能超音速火焰喷涂制备的 WC - Co 耐磨涂层结合强度高,孔隙率低,耐磨性好,在军地均取得了成功应用,特别是在军事装备维修、冶金、阀门、液压等领域,既可用于旧件的修理,也可用于新件的表面强化,延长机械零部件使用寿命,节约成本,有良好的经济效益。

参 考 文 献

[1] Wang Hangong, Zha Bailin, Su Xunjia. Research of High Velocity Oxygen/Air Fuel Spray, Proceedings of the 2003 International Thermal Spray Conference, Orlando, USA, 789 – 791, 2003.

[2] Zha Bailin, Wang Hangong, Su Xunjia. Structure and Property of WC – 17Co Coatings Sprayed by HVO/AF, Proceedings of the 2003 International Thermal Spray Conference, Orlando, USA, 837 – 839, 2003.

第四章　低温吸波涂层的制备及性能研究

纳米技术的迅速发展以及纳米微粉优良的电磁波吸收性能使得纳米吸收剂成为国内外吸收剂的研究方向和热点。金属吸收剂居里温度高(770K)、温度稳定性好、微波磁导率较大、介电常数较大,因而在吸波材料领域中得到广泛应用。铁磁性金属软磁材料种类较多,$\alpha - Fe$,即羰基 Fe,具有体心立方结构,主要通过降低化学杂质和控制晶粒取向提高磁性能。目前,涂覆的吸波涂层厚度为 1 ~ 2mm,直接涂敷在装备表面会带来巨大的负载,影响其机动性能,因此,超薄、轻型、吸波能力强、吸收频带宽以及结合强度高的涂层制备成为吸波技术研究的重要方向之一。本章应用低温超音速火焰喷涂制备 $\alpha - Fe$/聚酰胺与 $\alpha - Fe$/固体环氧树脂复合吸波涂层,系统研究涂层微观特征对吸波涂层性能的影响。

4.1　试验与工艺

低温超音速火焰喷涂技术主要通过一定的喷涂粒子速度,依靠粒子塑性变形得到涂层,以避免热敏、易相变材料在喷涂过程中受热影响而发生氧化、分解等,并将喷涂材料的组织结构原位移植到基体表面,为制备高性能无氧化涂层、纳米结构涂层以及金属材料表面纳米化等提供一种新的思路与方法,其工艺参数如表4.1所列。

表 4.1　低温超音速火焰喷涂工艺参数

工艺	O₂ (1.5MPa)/(m³/h)	N₂ (1.5MPa)(m³/h)	煤油 (1.5MPa)/(L/h)	附加氮气 (0.5MPa)/(L/h)	液料 (0.5MPa)/(L/h)
1	12	28	4	250	15 ~ 20
2	8	30	4	500	0

4.2　聚酰胺低温复合涂层性能研究

4.2.1　粉末表征与涂层组织结构

吸收剂 $\alpha - Fe$ 粉末的 SEM 形貌和 XRD 衍射图谱如图4.1所示,粉末主要呈球状结构,图4.1(b)为经过球磨后的吸波粉末典型形貌,图中颗粒状的吸波粉末镶嵌在聚酰胺粉末周围。在喷涂过程中,聚酰胺粉末 α - Fe 有机混合,并同时输送,图 4.1(c)中的衍射最大强度出现在 $2\theta = 44.62°$,半高宽 FWHM = 0.96,为 Fe(110)面典型峰,基本为纯 α - Fe。图 4.1(d)为粉末的损耗角正切,可以看出,α - Fe 粉末的介电损耗角正切(0.1 ~ 0.15)与混合后粉末的损耗角正切(0.05)以及混合前后的粉末的磁损耗角都发生比较大的变化(0.8 ~ 0.9, 0.2 ~ 0.3),表明,由于聚酰胺的加入,粉末的电磁性能受到影响,因而需要合适的涂层制备工艺和分散剂含量。

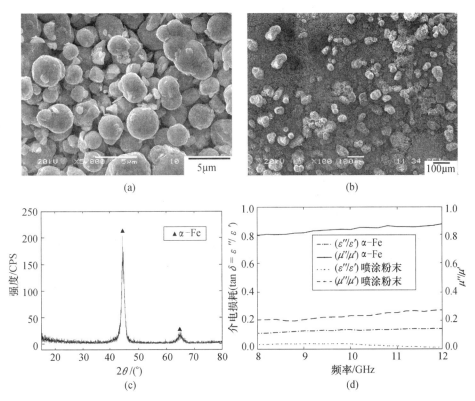

图 4.1　α - Fe 粉末的 SEM 形貌和 XRD 图谱
(a) α - Fe SEM;(b) 混合粉末 SEM 形貌;(c) α - Fe XRD;(d) 粉末的电磁参数。

图 4.2 为低温超音速火焰喷涂工艺制备的 α - Fe/聚酰胺复合吸波涂层的典型 SEM 形貌,涂层与基体、涂层中两相之间结合良好,涂层的孔隙率很小,吸波剂 α - Fe/聚酰胺复合涂层呈现层状结构。喷涂过程中,聚酰胺粉末局部软化,颗粒状 α - Fe 弥散在聚酰胺层状结构中,涂层的微观形貌体现了该工艺所制备涂层实现了吸波剂颗粒和透波剂颗粒的合理分配,达到与电磁波衰减阻抗合理匹配。当采用 α - Fe 吸波剂粉末时,所制备的涂层中的吸波剂出现相变,涂层呈层状纹理结构,涂层仍弥散着少量的 α - Fe 晶粒。表 4.2 为低温超音速

火焰喷涂 α-Fe/聚酰胺复合吸波涂层的能谱,表中分别以聚酰胺粉末和涂层的能谱分析以及 α-Fe/聚酰胺复合涂层中不同的区域内的特征。图 4.3 为涂层的 XRD 图谱,尽管有机涂层 XRD 对涂层表征贡献不大,但是复合涂层中的无机相特征谱说明,涂层在形成过程中受到了一定程度的氧化。

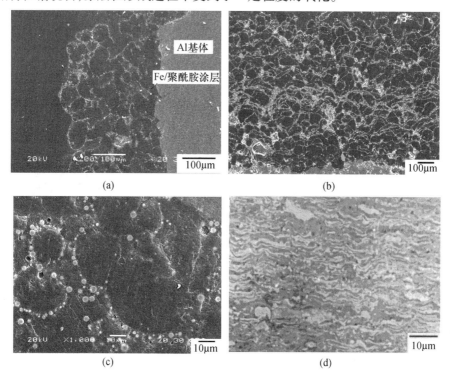

图 4.2 α-Fe/聚酰胺复合涂层 SEM 形貌

表 4.2 粉末和涂层的能谱

元 素	质量含量/% (聚酰胺粉末)	质量含量/%(涂层)		
		涂层 1	涂层 2	聚酰胺涂层
C	73.79	67.32	39.82	74.87
O	20.62	16.92	21.14	15.39
Al	0.22		0.35	0.44
Ti	5.37	3.18	1.57	7.98
Fe		12.0	36.96	1.32

4.2.2 混合比对吸波涂层电磁性能的影响

聚酰胺与吸收剂 α-Fe 混合粉末喷涂形成的涂层反射率随频率的变化如图 4.4(a)所示,可以看出,单纯的分散剂(100wt%)基本上没有任何吸波效果。

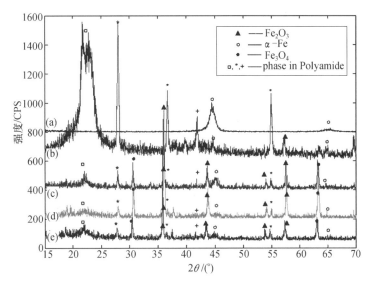

图 4.3 热喷涂 Fe/聚酰胺复合吸波涂层组织成分(XRD 图谱)
(a) α–Fe;(b) Fe/聚酰胺粉末;(c) 85wt% Fe/聚酰胺;
(d) 75wt% Fe/聚酰胺;(e) 95wt% Fe/聚酰胺。

吸收剂在基体中的分散状态是影响其介电性能和电磁波反射率的关键因素,不同的分散状态,构成不同的微观结构的吸波材料,其介电性能将明显不同。涂层的吸波效果随着分散剂含量的增加,达到最优状态后,分散剂的继续增加反而引起吸波效果的降低,这说明分散剂的含量有一个最佳值。图 4.4(b) 为根据试验结果拟合的吸波曲线,该曲面反映了低温超音速火焰喷涂技术制备的复合涂层雷达波吸收性能随着聚酰胺含量的变化趋势。

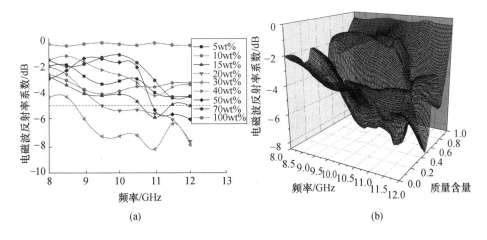

图 4.4 涂层的微波反射率特性

图 4.5 表明,在给定频率状态(10GHz),当分散剂含量小时,涂层的主体为 α-Fe 相,这时由于喷涂过程中,高速飞行的 α-Fe 颗粒与基体撞击变形后,聚酰胺成分出现塑性变形,Fe 粒子镶嵌在已经变形的聚酰胺粒子周围,而对于 100wt%Fe 沉积则由于高速颗粒碰撞基体得到层状涂层(图 4.2(d))。涂层层间结合良好使得涂层呈现导电特性。而当聚酰胺成为主体时,由于涂层的介电损耗迅速下降,极化机制成为金属粉末对电磁波有很好的衰减性能,其对电磁波能量的吸收由晶格电场热振动引起的电子散射、杂质和晶格缺陷引起的电子散射以及电子与电子之间的相互作用三种效应。

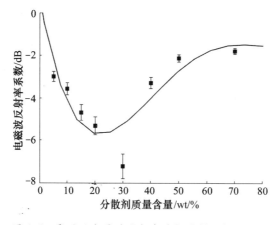

图 4.5　聚酰胺含量对反射率系数的影响(10GHz)

α-Fe/聚酰胺复合涂层的微观形貌表明,二者相混形成复合涂层,由绝缘体与导电颗粒组成的涂层会出现逾渗现象(图 4.5),即随吸收剂成分的增加,复合涂层由绝缘体向导电体转变存在逾渗阈值。

对于金属吸波剂构成的吸波涂层,磁导率随着粒径的减小而减小,而当粒径小于其磁单畴尺寸时,磁导率回升。当粒子尺寸远小于其趋肤深度时,电磁波就穿过粒子,驱动粒子中的电子产生体积分布的、随着时间变化的散射电流。α-Fe 在电磁场作用下产生电流或者位移电流,受到电导率的限制,使进入到涂层的电磁能转化为热能损耗掉;或者是借助于磁化体内部偶极子在电磁场作用下运动,受磁导率限制而把电磁能转化为热能损耗掉。

α-Fe/聚酰胺复合吸波涂层实现了涂层的界面和自由空间的有效匹配,使得电磁波能够顺利进入涂层中,进入涂层的电磁波由于这种粒子体积分布的自由电子运动热损耗而衰减。

4.2.3　混合比对吸波涂层质量密度影响

吸波层密度是吸波涂层的重要技术指标,并对装备性能产生重要的影响。图 4.6 为应用喷涂技术制备 Fe/聚酰胺脂复合吸波涂层的密度变化趋势图,聚酰胺脂质量含量小于 50wt% 时,测试出的涂层密度,涂层的密度分布在 0.39 ~ 0.47g/cm³ 之间,当聚酰胺脂质量含量在 25wt% 附近时,涂层的密度趋于饱和。

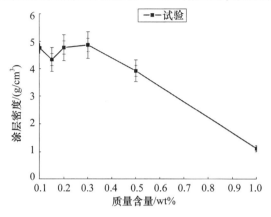

图 4.6　涂层密度变化图

4.2.4　吸波涂层结合强度与断裂特征

隐身涂层的物理力学性能与黏结基体性能以及吸收剂的加入量有关,吸收涂料中加入吸收剂,涂层的强度和附着力发生变化。表 4.3 为 30wt% 聚酰胺脂时,吸波涂层的拉伸强度,平均值为 7.9MPa。相比之下,以 45 钢为基体的 XFT－2 的吸波涂层厚度为 2.0mm 时,结合强度为 2.6MPa,当采用 881 底漆时涂层的结合强度可达到 5.1 ~ 6.1MPa,且涂层均内聚破坏。

表 4.3　涂层结合强度

工艺状态	结合强度/MPa							平均结合强度/MPa
1	4.44	7.56	24.95 ×	7.71	6.58	2.41 ×	13.24	7.906 ± 3.46
注: × ——试验差别值,计算时省略								

图 4.7 为涂层在拉伸应力下断裂后的断面特征,涂层的断裂截面中存在大量不规则孔状特征,涂层的拉伸强度表明,涂层均断裂于基体与涂层的界面。图中表明,涂层在拉伸应力作用下,聚酰胺粒子的边界成为涂层的断裂源(图 4.7 (b))。在涂层断面上有大量的椭圆状小坑,经证明为 Fe 粒子撞击聚酰胺颗粒所致。说明 Fe 粒子镶嵌在扁平化聚酰胺粒子周围,这有助于 Fe 粒子对电磁波的吸收衰减,扁平化的聚酰胺粒子形成了很薄的绝缘层,阻碍了 Fe 粒子之间导电网络的形成。

图 4.7(c)、(d)为涂层拉伸试样断裂后的宏观表面形貌,图中(c)为试样沿粘接面的断裂面形貌,(d)为涂层沿基体面的形貌。在断裂面的宏观形貌中出现大量的小岛状区域。SEM 观察发现,涂层在拉伸过程中,沿聚酰胺颗粒的边

图 4.7　复合吸波涂层的断裂面特征
(a,b) 沉积面；(c,d) 沿基体面(宏观)。

缘断裂,具体的断裂形貌如图 4.7(a)所示。说明喷涂过程中,除 Fe 粒子与基体直接碰撞外,由于聚酰胺颗粒的缘故,使得喷涂粒子更加嵌入聚酰胺颗粒的内部,可以形成具有明显边缘特征的复合吸波涂层。而在拉伸过程中由于存在 Fe 颗粒的边缘效应,使得涂层的拉伸强度下降(表 4.3)。

4.2.5　涂层厚度对电磁波吸收能力的影响

图 4.8 为给定混合分数状态下复合涂层在不同厚度时的反射率系数。随着

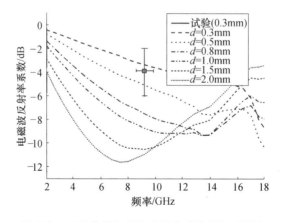

图 4.8　不同厚度涂层的反射率系数(85wt% Fe)

涂层厚度的增加,涂层对电磁波的吸收衰减能力由高频向低频移动。而在相同厚度下,随着吸收剂含量的变化,涂层对电磁波的吸收衰减能力存在最佳质量含量(图4.4(a))。

图4.9(a)为采用超音速火焰破坏后的聚酰胺/Fe涂层表面,图4.9(b)为破坏后涂层的反射率系数。图中表明,由于受到高温火焰的炙烤,复合涂层已经受到严重破坏,涂层表面有大量的流化状态存在,但涂层的电磁波反射率反而有所增加,这说明,表面粗糙度抑制了电磁波的传输,随着表面粗糙度的增加,涂层与大气之间的界面得到强化,使得涂层更容易对电磁波进行吸收衰减。

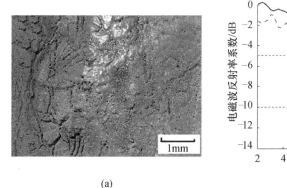
(a)

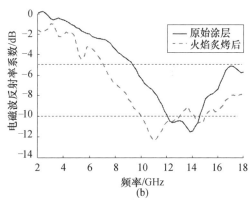
(b)

图4.9 涂层破坏表面与反射率系数
(a)涂层的破坏表面;(b)涂层破坏后的反射率系数。

4.3 环氧树脂复合涂层性能研究

4.3.1 吸波涂层拉伸强度与断裂特征

表4.4为同一工艺状态,不同含量配比条件下,低温超音速火焰喷涂环氧树脂/α–Fe复合吸波涂层的结合强度平均分别为25.53MPa(60wt%)、13.47MPa(80wt%)。试验中涂层均断裂于涂层内,涂层与基体的结合强度为涂层材料的断裂强度,表明高分子复合吸波涂层与基体的结合强度大于涂层材料自身的内聚强度。粉末本身塑性较小,脆性较大,造成涂层内粒子间结合强度低;先沉积的材料高速撞击基体材料,变形力较大,变形较为充分,随后在涂层上沉积的高分子材料因为撞击的是塑性涂层,变形力较小,变形不够充分,粒子间结合较弱。

表 4.4　复合涂层结合强度

工艺状态	结合强度/MPa	质量含量/wt%	平均结合强度/MPa
2	26.91,25.76,31.39,22.49, 19.62 20.68,24.99,32.39	60	25.53 ± 5.91
	12.93,13.56,13.98,13.41	80	13.47 ± 0.54

图 4.10 为拉断后涂层的断裂面的形貌。在图中除出现大量蜂窝状孔隙外图(a),涂层内部还出现坡口为 45°,在沟槽侧面上有多个 Λ 形的裂纹图(b)和杂乱无章的银纹,同时,在涂层中还出现了一些弥散的固体颗粒。一般认为,在高分子聚合物的断裂机制中银纹的产生占有很重要的地位,由于受力或环境介质的作用都能引发银纹。这两种银纹大多都在拉应力作用下才能产生,它们的出现标志着材料已受损伤。银纹与裂纹相结合将导致裂纹的扩展,并促成脆性断裂。

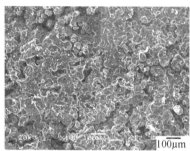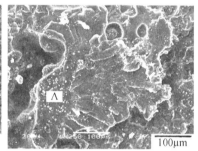

图 4.10　涂层的微观断口形貌
(a) 蜂窝状孔隙;(b) Λ 形裂纹。

银纹形成以后,以 Taylor 弯月失稳的方式实现扩展。因为在银纹顶端的空隙/基体界面呈内凹的弯月面时,该处材料在弯月表面的抽吸梯度(负压力梯度)作用下对超过一定波长的扰动会出现失稳的塑性流动,并且随着梯度增大而达到失稳状态的波长随之降低,最后裂纹成各自分离的孤岛,如图 4.10(b)所示。这一过程的反复进行便实现了银纹的扩展。在涂层中由于固体弥散颗粒的存在,银纹的扩展趋势受到不同程度的影响,因而,在低温超音速火焰喷涂制备的高分子吸波涂层中,影响银纹扩展的因素不仅仅是材料分子量、分子链的缠结与应力趋向,同时还有吸收剂弥散颗粒的阻碍作用,当拉力超过了这些应力束缚之后,在涂层的断裂面中出现大量的蜂窝状孔隙。涂层在拉伸作用下的变形受到基体的限制。另外,涂层中存在大量"夹生"的弥散颗粒,会使得涂层中可能出现孔隙,也可能阻碍涂层中应力的延伸。但涂层组织形貌表明,涂层的孔隙率很小,说明弥散颗粒破坏了裂纹的延伸。

4.3.2 α-Fe含量对复合吸波涂层反射率系数的影响

复合涂层中,吸收剂含量将改变涂层与电磁波的匹配能力,提高电磁波的吸收水平。当 α-Fe 含量为 85wt% 时,粒子的电磁参数如图 4.11 所示(试样厚度为 2mm)。图 4.11 为应用低温超音速火焰喷涂技术制备的 α-Fe/环氧树脂复合吸波涂层的反射率系数。这里,95wt% Fe 复合涂层的厚度为 0.5mm,其他厚度为 1.5mm。当反射系数小于 -10dB,合格的频宽为 1.75GHz(85wt% α-Fe 涂层)和 2.65GHz(70wt% α-Fe 涂层)。

从复合涂层的力学性能来讲,吸波涂层的成分体积含量也很有必要。对于金属粒子,粒子的极化能力受到涂层中绝缘层的阻碍,就像涂层中粒子或薄膜层将降低铁氧体材料体积分数一样,0.2(α-Fe 的体积混合分数)是复合吸波涂层有效的评估系数,环氧树脂的体积分数与反射系数之间的关系如图 4.12 所示。从试验结果来看,当质量分数为 0.6(体积分数为 0.185)时,将得到最小的反射率系数。

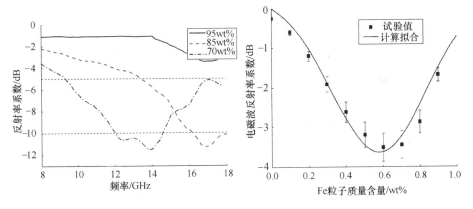

图 4.11　复合涂层的反射率系数　　　　图 4.12　Fe 含量对反射率
　　　　　　　　　　　　　　　　　　　　　　系数的影响(10GHz)

图 4.13 为不同含量时的电磁波反射率(8~12GHz),这里复合涂层的厚度为 0.8mm。电磁系数与不同含量涂层之间存在显著差别的关系,其中 70wt% α-Fe 复合吸波涂层的反射率系数最小,这表明此时涂层的微波吸收性能达到最强。当然,在相同涂层厚度时,将存在最优的制备复合吸波涂层的质量含量,使得涂层的微波吸收能力随着电磁波频率的增大而增大。图 4.13(b)为根据 α-Fe 粉末的介电系数和磁导率数值模拟的涂层电磁波反射率系数。从试验和数值分析结果来看,不但涂层的厚度和电磁参数对涂层的电磁波反射率具有重要的影响,而且粉末的混合比同样是该复合吸波涂层的重要参数。

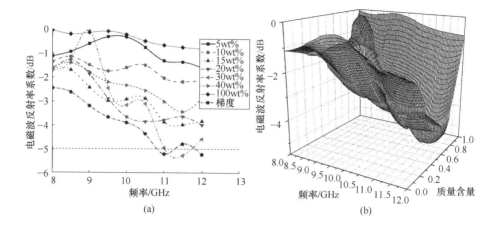

图 4.13 α－Fe/环氧树脂复合涂层的电磁波反射率
（a）试验值；（b）拟合图。

4.4 低温吸波涂层结合强度与反射率之间的关系

由于受到粘胶的限制,ASTMC633－79 提出的方法对涂层厚度与结合强度之间的关系不能很好表征,沉积的涂层内总存在着残余应力。由于涂层与基体材料的热膨胀系数不同,涂层在冷却过程中结合界面产生热应力,当这些热应力过大时将会严重影响界面结合强度,导致涂层质量下降,随着涂层厚度的增加涂层的结合强度会随之下降,因而,引入涂层的自结合强度来讨论合理的涂层厚度。通常,涂层的自结合强度可由下式计算:

$$\sigma_{b} = \frac{4P}{\pi \cdot \Delta d} \tag{4.1}$$

式中　P——涂层载荷(N);

　　　Δd——涂层厚度(mm)。

图 4.14 为涂层厚度与涂层自结合强度之间的关系,涂层厚度与涂层的自结合强度之间为反比例关系。图中分别定义为 0.3mm 厚涂层的自结合强度分别为 5MPa、10MPa、20MPa、40MPa 和 60MPa 而得到的曲线。同时,在工程应用中,复合电磁吸波涂层的自结合强度(或涂层的结合强度)是决定涂层质量的重要标准。由图 4.15 可知,当涂层厚度小于 0.5mm 时,涂层的电磁波吸收性能迅速下降。因而,结合图 4.14、图 4.15,要使涂层保持高结合强度,又要具有较强的吸波能力,热喷涂制备复合吸波涂层的厚度应控制在 0.5~1.0 mm。

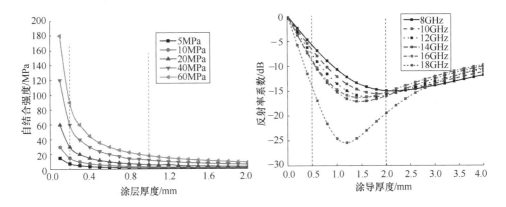

图 4.14　涂层厚度与结合强度的关系　　图 4.15　涂层厚度对涂层电磁反射率的影响

4.5　小　结

（1）应用低温超音速火焰喷涂技术制备的 α-Fe/聚酰胺复合吸波涂层,涂层与基体结合良好,涂层密度分布在 $0.39 \sim 0.47 g/cm^3$ 之间,当聚酰胺质量含量在 25wt% 附近时,涂层的密度达到最大。30wt% 聚酰胺时,涂层的结合强度平均为 7.908MPa;随着聚酰胺含量的增加,涂层电磁波反射率也不断加强,当聚酰胺含量达到 30wt% 时涂层电磁波反射率达到 -8dB,当进一步增加聚酰胺含量,涂层电磁波反射率下降。

（2）系统地研究了热喷涂技术制备 α-Fe/环氧树脂复合吸波涂层。涂层中,体积分数、分布状态以及 α-Fe 粒子的电磁性能与涂层厚度对涂层的电磁波反射率具有重要的影响作用。吸波系数超过 -10dB 的合格频带为 1.75GHz 和 2.65GHz。对于相同的电磁参数,在 8～18GHz 频带,涂层的理论厚度可降到 1.5mm。在相同厚度(0.8mm),存在一最优的理论体积分数 α-Fe(0.185),使得涂层的吸波能力达到最强。

（3）热喷涂吸波涂层的自结合强度与吸波能力之间的关系分析表明,要获得优异的吸波涂层,厚度应当分布在 0.5～1.0mm。

参 考 文 献

[1] Yuan X, Wang H, Zha B,et al. Submicron α-Fe/polyamide composite absorber coating by low temperature high velocity air fuel spray technique, Surface & Coating technology, MAY 2007(201), pp. 7130－7137.

[2] Yuan Xiaojing, Wang Hangong, Hou Genliang, et al. The Nano α-Fe/Epoxy Resin Composite Absorber Coatings Fabricated by Thermal Spraying Technique, IEEE Transactions on Magnetics, SEP2006, 42(9),

pp. 2115 – 2120.

［3］Nie Y, He H H, Gong R Z, et al. The electromagnetic characteristics and design of mechanically alloyed Fe – Co particles for electromagnetic – wave absorber［J］. Journal of Magnetism and Magnetic Materials，310（2007）:13 – 16.

［4］Feng Y B, Qiu T, Shen C Y. Absorbing properties and structural design of microwave absorbers based on carbonyl iron and barium ferrite［J］. Journal of Magnetism and Magnetic Materials, 318（2007）: 8 – 13.

［5］Zha B, Wang H, Xu K. Microstructure and property of LTHVOF sprayed copper coating［C］. the international thermal spraying conference 2005, Bessel, Swizerland.

［6］查柏林,王汉功. 低温超音速火焰喷涂铜涂层结构与性能研究［C］. 第九届国际热喷涂研讨会,2006, 吉林长春: 23.

［7］侯根良. 基于超音速火焰喷涂数值模拟的冷喷涂实现与功能性涂层的制备［D］. 第二炮兵工程学院博士学位论文,2005.

［8］何山. 雷达吸波材料性能测试［J］. 材料工程,2003.6: 25 – 28.

［9］李文亚. 粒子参量对冷喷涂层沉积行为、组织演变与性能影响的研究［D］. 西安交通大学博士学位论文,2005.5.

［10］Alkhimov A P, Kosarev V F, Papyrin A N. A Method of Cold Gas – Dynamic Deposition［J］. Sov. Phys. Dokl.，Vol. 35（No. 12）, 1999: 1047 – 1049.

［11］Yoshimori Miyata , Morihiko Matsumoto: Two – Layer Wave Absorber Composed of Soft – Magnetic and Ferroelectric Substances ［J］. IEEE TRANSCATIONS ON MAGNETICS, Vol. 33, No. 5, September, 1997 : 416 – 419.

［12］董剑鹏,田芝瑞. 拉应力作用下塑料涂层断裂机理分析［J］. 表面工程,1997,1: 41 – 44.

［13］Wua L Z, Dinga J, Jianga H B, et al. Particle size influence to the microwave properties of iron based magnetic particulate composites［J］. Journal of Magnetism and Magnetic Materials, 285（2005）: 233 – 239.

［14］徐滨士. 表面工程与维修［M］. 北京:机械工业出版社,1996:336 – 338.

第五章 高温复合吸波涂层
制备与性能研究

SiC 具有优良的物理化学稳定性与光电性质,如宽带隙(2.2eV)、高饱和电子速率($2 \times 10^7 \mathrm{cm/s}$)、高导热系数($3.9\mathrm{W/cm \cdot K}$)等诸多特性,使其成为高频、大功率、耐高温、抗辐射及航空航天、雷达、通信系统和大功率的电子转换器等领域的极端环境中的主要材料。纳米 β–SiC 具有独特的性能,可在室温与微波有效耦合,是多波段吸波材料的主要组成,可实现轻质、薄层、宽带和多频段吸收,引起国内外越来越多的学者关注;还可与其他材料制作成复合材料,进而改变其导电性能,提高材料的吸收频率。国内外对高温吸波材料展开了较多的研究,洛克希德公司用陶瓷基材料制备了吸波材料和吸波结构,可以在尾喷管的后沿承受 1093℃ 的温度,在亚音速导弹某些部分的面层,法国马特拉防御公司开发了两大系列的隐身材料,以包覆导弹上承受强烈热应力的尾部壳体。苏联早在 20 世纪 60 年代就开展了高温吸波材料的研究工作,主要以金属陶瓷吸波材料为主,并指出 SiC 是最有前途的高温吸波材料。

LBS($\mathrm{Li_2O-B_2O_3-SiO_2}$)具有良好的热稳定性和介电性能,其中的碱性金属离子在高频电磁场中会产生电损耗,对电磁波进行有效吸收和衰减,这为吸波涂层的制备提供了优良的基础,采用合适的工艺将 LBS 与陶瓷吸收剂复合制备吸波涂层,不但能提高涂层对电磁波的吸波能力、扩展吸收频带,还能提高吸波涂层的机械特性。

超音速火焰喷涂技术制备吸波涂层过程中,焰流将复合吸波粉末加热至黏结相熔点以上使之熔融,浸润吸收剂相,加速、沉积而得到高性能涂层。其中,无机黏结相具有不燃烧、耐高温、强度高等特点,可分为热熔型玻璃、陶瓷等。微晶玻璃是由玻璃通过控制析晶而获得的多晶类材料,自身具有介质损耗的特性,适合作热喷涂吸波涂层的黏结剂。因此,本章在金属基体上制备纳米 SiC 基陶瓷吸波涂层,研究超音速火焰喷涂工艺制备高温吸波涂层的工艺规律。

5.1 试验与工艺

应用本实验室自行开发的多功能超音速火焰喷涂设备,其工艺参数如表 5.1 所列。喷涂前,基体采用 45 钢,喷涂前经过喷砂粗化处理。

表 5.1　多功能超音速火焰喷涂工艺参数

序号	O_2($P = 1.6$MPa)/（m^3/h）	煤油（$P = 1.5$MPa）/（L/h）	混合压力/MPa	喷涂距离/mm
H1	34~30	18~22		
H2	26~24	8~10	1.1	250
H3	28~26	18~20		
H4	28~26	14~20		

5.2　LBS 玻璃基纳米 SiC 吸波涂层性能研究

5.2.1　LBS/SiC 复合吸收剂粉末的制备

对于吸波黏结相,玻璃中的介电损耗由电导损耗、松弛损耗和结构损耗组成。而且玻璃的化学组成对介电损耗有影响,增加碱金属氧化物可使介电损耗增加,但对有活性的离子,纯石英(SiO_2)的熔点高达 1730℃,不易熔化,且介电损耗很小,这是由于这些玻璃的结构紧密,弱联系离子较少的缘故,引入离子半径小的碱金属离子,对介电损耗的提高具有重要作用。

通常陶瓷中的玻璃相含有碱金属离子时,陶瓷的介质损耗明显增大,其介质损耗随碱金属氧化物含量增加呈指数增大。碱金属离子的浓度越大,玻璃结构越疏松,弱联系离子的浓度也越高,越可能造成陶瓷材料具有较大的电导损耗和松弛损耗。含有较多的玻璃相的低频电容器陶瓷材料,电阻陶瓷的介质损耗是由玻璃相中碱金属离子引起的相当大的电导损耗。玻璃中易活动的离子是造成中频范围内介电损耗的主要原因。介电损耗依碱金属离子的迁移率顺序而增大:$Rb^+ \rightarrow K^+ \rightarrow Na^+ \rightarrow Li^+$。

试验中,按设计质量组成称量玻璃,把原料加入石英坩埚内进行熔制。当炉温升至 1400℃后,保温 30min,然后出料;把熔制好的玻璃熔液倒入冷水中,得到颗粒状玻璃,冷却后球磨 15~30min,然后过 300 目筛选取合适粉末,经过分筛的颗粒组织形貌与 XRD 图谱如图 5.1 所示。通过能谱分析,粉末各元素含量为:C:3.00%,O:55.90%,Na:2.22%,Al:0.66%,Si:24.67%,Ca:2.71%,Ti:1.54%,Zn:3.22%,Zr:1.55%,B:1.32%,Sn:1.22%,Ba:3.00%,Li:1.35%,Sr:0.65%($B_2O_3 - Li_2O - SiO_2$)。其中,粉末衍射曲线(图 5.1(b))中出现"非晶包"衍射峰,还存在少量的晶体衍射峰。

图 5.2(a)为造粒前的纳米 β - SiC 粉末,并有明显的团聚行为,其 XRD 图谱如图 5.2(c),纳米 β - SiC 粒子中含有部分杂质(MgF_2、$Ba_2Mg(AlF_6)_2$、$Ca_4Si_2O_7F_2$、Ba_3AlF_9 与 $CaAlF_5$)。当采用不同混合比与 LBS 粉末混合,并采用喷雾造粒进行纳米团聚造粒后的喷涂粉末如图 5.2(b),经团聚后,颗粒呈现不同

图 5.1　LBS 粉末的 XRD 与 SEM 形貌

（a）LBS 粉末 SEM 形貌；（b）LBS 粉末的 XRD 图谱。

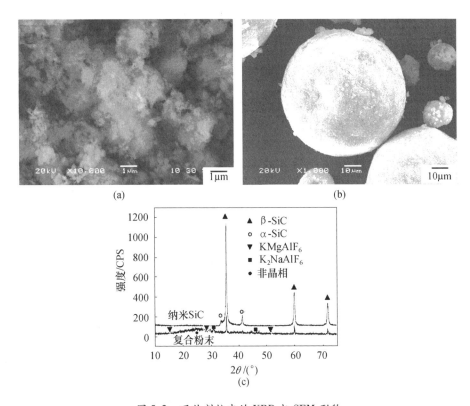

图 5.2　吸收剂粉末的 XRD 与 SEM 形貌

（a）纳米 β - SiC 粉末 SEM 形貌；（b）LBS/SiC 复合粉末（团聚）；（c）复合吸收剂粉末的 XRD。

粒径的球形颗粒,与图 5.1(a)相比较,粉末的不规则形态受到大幅度的改善,粉末流动性能得到明显提高,而混合粉末的 XRD 图谱(图 5.2(c))也表明,复合粉末具有玻璃形态(非晶包)以及 β - SiC 的特征衍射峰。

涂层中,介电损耗也受到占据玻璃网络结构间隙位置的其它调整氧离子的影响,能有效减少玻璃的介电损耗,因为它们可以组织碱金属离子的迁移。当碱金属离子结合到晶相中时,其功率因数随着玻璃的晶化而显著减小。如果易活动的碱金属离子(如 Na+)没有参与晶相组成,而是富集在残余玻璃相中,就会增强玻璃相的介电损耗。微晶玻璃的显微结构,特别是晶相的平均尺寸及体积分数对介电损耗影响的结果表明,晶体尺寸对介电损耗的影响不大。但晶相种类不同,介电损耗差别很大,在交变电场中会发生弛豫现象,其过程可用德拜方程描述。

图 5.3 为 β－SiC 与 LBS 粉末的电磁参数。测试时,将 β－SiC 粉末和 LBS 粉末分别与石蜡混合进行测试。图 5.3(a)为 30wt% 纳米 β－SiC 粉末与石蜡混合得到的电磁参数,粉末的介电系数 $\varepsilon' = 12$,$\varepsilon'' = 0.5 \sim 2.5$,由图可知,粉末以介电损耗为主。测试时,将配方粉末 60wt% 溶于石蜡中进行测试得到原始试验数据,分别根据 Sihvola 公式得纳米复合粉末的电磁参数(图 5.3(c),(d))。复合粉末仅表现为介电损耗,其磁损耗的特征并不明显。经计算,复合粉末的介电系

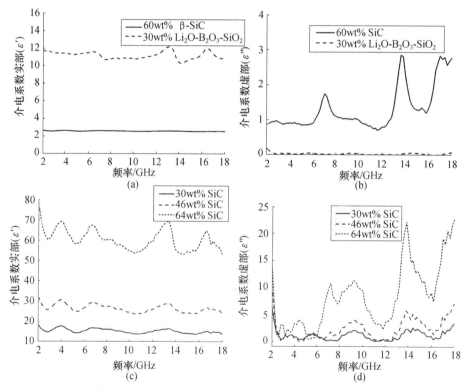

图 5.3 纳米 β－SiC、LBS 粉末以及复合粉末的电磁参数
(a)吸收剂粉末介电系数实部(试验);(b)吸收剂粉末介电系数虚部(试验);
(c)不同混合比粉末的介电系数实部(计算);(d)不同混合比粉末的介电系数虚部(计算)。

数实部在 14～16 之间,而虚部在 1～3 之间。

5.2.2 LBS/β－SiC 复合吸波涂层组织形貌

超音速火焰喷涂中,氧气和煤油流量越大,则燃烧室产生的热量和压力越大,火焰的温度和速度也提高,同时粒子的受热时间会相对减少。粒子速度是影响涂层质量的决定因素,喷涂 LBS 涂层需要选取恰当的氧气和煤油流量,以保证 LBS 粉末在焰流中吸收合适的热量,还具有较好的飞行速度,需要为粒子提供充足的软化温度,因而将工艺确定在高热焓状态,工艺参数如表 5.1 所列。

超音速火焰喷涂技术制备的纳米 β－SiC/LBS 复合吸波涂层的表面特征如图 5.4(a)所示,涂层表面存在大量的变形不充分的粒子。图 5.4(b)为涂层的内部特征,涂层中粉末在喷涂过程中呈半熔融状态,颗粒状 SiC 相弥散在涂层中。图 5.4(c)为涂层的截面特征,涂层中也出现少量的孔隙。在喷涂过程中,由于团聚颗粒相对较大,需要将粉末熔化的热量多。当提高氧气和煤油流量后,高温高速火焰接触已形成的涂层会导致涂层过熔,且涂层中的物质可能发生反应。大量研究表明,β－SiC 在高温环境下的这两个特征都会降低涂层对电磁波的吸收性能。图 5.3(d)为涂层的 XRD 图谱,涂层形成后,内部的 SiC 没有发生分解与相变,这使得涂层能保证吸收剂相对电磁波的吸收能力。

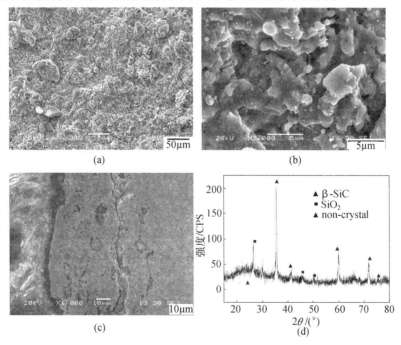

图 5.4　LBS 基纳米 β－SiC 涂层的组织形貌
(a)涂层表面;(b,c)涂层截面;(d) 涂层 XRD 图谱。

5.2.3　涂层的结合强度与断裂特征

涂层结合强度的测试如3.1.2节所述,试验结果见表5.2,在拉应力作用下,涂层与基体之间的界面成为涂层的主要断裂位置,且为脆性断裂,当涂层厚度为0.5mm时,涂层与基体的结合强度强度为8.5MPa,当涂层的厚度为0.3mm时,涂层与基体的结合强度可达到23MPa,说明涂层的厚度与涂层的结合强度之间存在重要的关系,涂层越厚,涂层的结合强度下降,但根据3.1.2节所述的标准来看,该涂层的结合强度为8.5MPa。

表 5.2　β – SiC/LBS 复合涂层的结合强度/MPa

序　号	涂层厚度/mm	测试值/MPa	平均值/MPa
1	0.5	8.0　8.9　9.0　8.4　7.4　8.3	8.3 ± 0.9
2	0.5	8.8　8.2　8.6　7.9　8.6　8.7	8.5 ± 0.6
3	0.3	25.27　26.15　20.78　21.66　20.99	22.97 ± 3.18

被拉断的涂层的断裂斜截面底部有半熔化的粒子被拉出的凹孔,斜截面呈台阶状,断裂表面有较多的裂纹(图5.5(a))。陶瓷的断裂与其相组成密切相关,在某种程度上还与晶粒结构有关。实质上,对于晶体显微结构穿过晶体(即

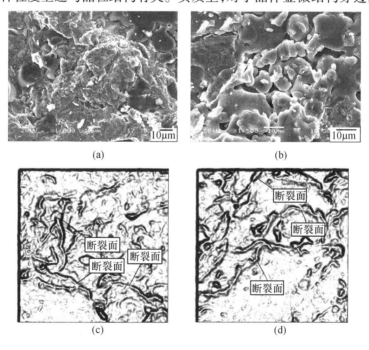

图 5.5　涂层断口形貌

(a,b)涂层拉伸断口的微观形貌;(c,d)应用小波提取的断裂界面。

穿晶)断裂也表现出较低的韧性,比沿晶断裂的韧性还低,其晶界裂纹扩展阻力较小。对于后者,当裂纹扩展延伸到一个晶粒面时,必须转向新的方向呈折线状,因而增加了阻力。图5.5(c,d)为应用小波极大模法提取的涂层断裂后的界面,可明显地看到涂层断裂过程中的裂纹存在形式。

5.2.4 β-SiC 含量对涂层微波性能的影响

电磁波与聚凝态物质的作用可以用复介电常数和复电导率来描述,在高频区有多种响应机制,主要来自离子、分子高能激励的电子运动,而在较低频区(微波和射频波段),可观察到偶极子和空间电荷的弛豫特性,在低频区主要相应于在电场作用下能够运动的"自由电荷"(在电场作用下移动引起的弥散电流),而在高频区则主要是受到"束缚电荷"的控制,这些"束缚电荷"受电磁波震荡特性的影响(形成极化电流)。

在外界电场作用下,介质的相对介电常数综合反映了以下三种微观过程的宏观物理量(图5.6):①原子核外电子云的畸变极化;②分子中正、负离子的相对位移极化;③分子固有电矩的转向极化,只有当频率为0或者频率很低(1kHz)时,三种微观过程都参与作用,这时的介电常数对于一点的电介质而言是一个常数,随着频率的增加,分子固有电矩的转向极化逐渐落后于外场的变化,这时的介电常数出现弛豫现象。频率再增加,实部降至恒定值,而虚部则为0,这反映了分子固有电矩的转向极化已完全不再做出响应。当频率进入红外区,分子中正、负离子电矩的震动频率与外场发生共振时,实部突然增加,随即陡然下降,同时虚部又出现峰值。过此之后,正负离子的位移极化也不起作用了,在可见光区,只有电子云的极变对极化有贡献。这时实部达到光频介电常数。虚部对应于光吸收,实际上光频介电常数随频率的增加略有增加,称为正常色散,在某些光频频率的附近,实部先陡然增加又陡然下降,与此同时,虚部出现很大的峰值,对应于因电子跃迁形成的共振吸收。在极高的光频电场下,只有电子过程才能作用,共振型吸收曲线的线宽也顺应了弛豫过程。弛豫过程决定了微观粒子之间的相互作用,当相互作用很强时,色散曲线和吸收曲线过度到极端的弛豫型。

β-SiC 介电损耗材料,其能量的损耗主要是由介电损耗决定的。通常,介电损耗包括离子迁移损耗(如漏导损耗、离子跃迁与偶极子弛豫损耗)、离子振动和形变损耗,以及电子极化损耗。对多晶和多相材料,空间电荷极化导致的损耗也很重要。电子极化损耗导致可见光范围内的吸收,离子振动和变形损耗将导致红外光区的吸收,而当电磁场频率低于 10GHz 时,则是其他的损耗机制起作用。

多晶和多相材料导致的空间电荷极化对介电损耗应当有相同的贡献。于是,对纳米 SiC 介电损耗行为的影响因素主要是离子跃迁和偶极子转向极化。

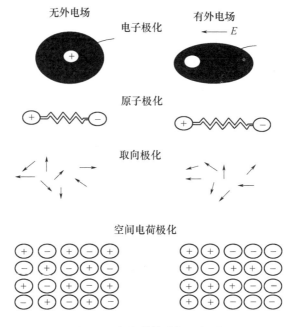

图 5.6 介电材料的极化机制

Bernholc 等人的研究表明,在立方 SiC 中,形成硅和碳的空位以及硅的反位缺陷在能量是可行的。由于静电引力,具有相反电荷的缺陷互相吸引,形成缺陷对。在外场场强不足以克服缺陷对的相互吸引时,这些缺陷可以看成偶极子。偶极子越多,相对介电常数就越高。在交变电磁场作用下,缺陷对的转向运动将导致极化和能量损耗。此时,偶极子的重定向是靠离子跃迁来完成的,跃迁过程需要消耗能量,于是高的介电常数意味着高介电损耗。

图 5.7 为超音速火焰喷涂 β – SiC/LBS 复合吸波涂层质量含量为 3∶7(体积含量为 23v%)喷涂层对电磁波的衰减系数,图 5.7(a)为计算得到的不同厚度复合吸波涂层对电磁波的反射率系数,图中表明,随着涂层厚度的增加涂层对电磁波的衰减能力将从高频向低频移动。图 5.7(b)为涂层厚度为 1.0mm 时,计算得到的不同质量含量时,复合吸波涂层对电磁波的反射率,由图可知,当 β – SiC 质量含量为 50wt%(体积含量为 41v%)时,涂层对电磁波反射率最小。当 β – SiC 含量小于 50wt% 时,涂层对电磁波的吸收能力与超过 50wt% 时涂层对电磁波的衰减能力下降,不同的是,在低质量含量时涂层对电磁波的吸收能力集中在高频段,当含量超过 50wt%,涂层对电磁波的衰减频带向低频移动。图 5.7(c)为试验测得的结果,表明当频率大于 14GHz 时,涂层的反射率小于 −5dB,而且在此时,反射率系数迅速降低到 −14dB。比较三图可知,涂层对电磁波的衰减能力均在高频比较明显。

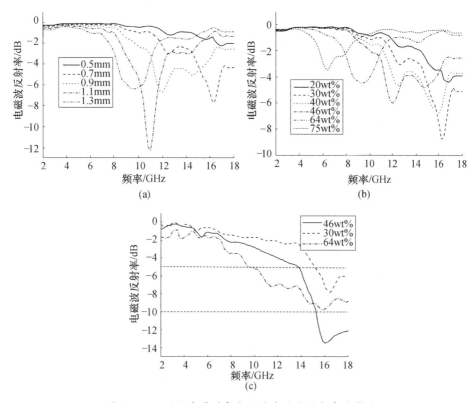

图 5.7 β-SiC 含量对复合吸波涂层的反射率的影响

(a) 厚度对反射率的影响(计算值含量为 30wt%);

(b) 含量对反射率的影响(计算值理论厚度 1.0mm);

(c) 含量对反射率的影响(实验值,涂层厚度 1.0mm)。

5.3 金属铁粒子对 LBS 基复合吸波涂层性能的影响

5.3.1 复合粉末的表征

图 5.8 为团聚造粒前后的组织形貌。(a、b)图分别为粉末团聚前的 SEM 形貌,(c,d)图为团聚后复合粉末的 SEM 形貌和 XRD 图谱。图 5.8(c)表明,采用喷雾造粒后,各相之间的粘结较好,经过团聚后的粉末均呈球形且流动性优良,粉末中球状颗粒为 Fe 粉末、絮状纳米 β-SiC 以及球状 LBS 相互混合良好,为热喷涂层制备奠定了良好的基础。图 5.8(d)表明,团聚后粉末中的 Fe 相 XRD 衍射峰较为明显,存在的非晶包为喷涂粉末中的 LBS 粘结相。

图 5.9 为经过团聚后的纳米 Fe-(β-SiC/LBS)的粉末电磁参数,分别为混合粉末以 30wt% 的质量含量加入石蜡以后,测得介电系数实部与虚部分别为 9.0~11.0、0.5~1.01,磁导率实部与虚部分别为 1~2、0.5~1。5.2 节表明

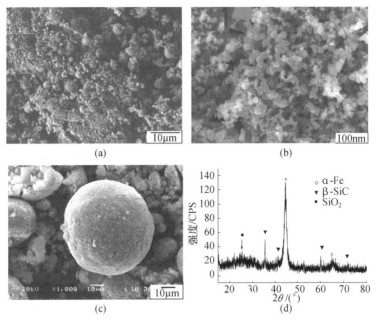

图 5.8　Fe – (β – SiC/LBS) 团聚吸波粉末组织形貌

(a) LBS 粉末团聚前 SEM 形貌; (b) 吸收剂粉末的 SEM 形貌;

(c) 复合团聚粉末 SEM 形貌; (d) 团聚粉末的 XRD 图谱。

β – SiC/LBS复合吸波粉末对电磁波仅表现为介电损耗。而当 75wt% α – Fe 的加入,复合粉末对电磁波的损耗不仅仅表现为介电损耗($\varepsilon''/\varepsilon' = 0.05 \sim 0.15$),其磁损耗($\mu''/\mu' = 0.15 \sim 0.6$)也比较明显,表明粉末中由于 Fe 的加入,使得粉末以电损耗为主转变为介电与磁损耗共同作用的复合粉末(图 5.9(d))。随着 Fe 含量的增加,复合吸波材料的磁导率系数发生变化,图中说明,当 Fe 含量为 28wt% 时,材料对电磁波的损耗仅仅表现为介电损耗,而当含量为 75wt% 时,粉末对电磁波的损耗转换为介电损耗与磁导率损耗相结合。

5.3.2　α – Fe 对复合吸波涂层组织形貌的影响

对于复相涂层,不同结构系统的标度率和普适性的渗流描述相同,对局部结构敏感的参数只有渗流阈值。对不同的点阵结构,其点渗流阈值和键渗流阈值是不同的。但是如果用等径球的中心放在被占据的格点上,球的直径等于键长,则可计算出球所占据的临界体积分数,这个体积分数也具有普适性。对于无规则连续介质,可被看作是所有可能的规则连续叠加,因此渗流阈值的普适性对应于无规则连续介质。

图 5.10 为应用多功能超音速火焰喷涂技术制备的 Fe 基纳米 β – SiC/LBS 复合吸波涂层的 SEM 形貌。涂层的制备工艺如表 5.1(H2 涂层工艺)所列。由图 5.10 (a)可知,玻璃颗粒在沉积过程中熔化高速沉积成扁平圆状。涂层中,

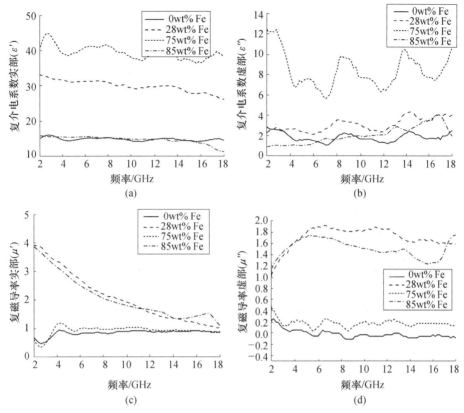

图 5.9 Fe 含量对团聚吸波粉末电磁参数的影响

(a) 复合粉末的介电系数实部；(b) 复合粉末的介电系数虚部；
(c) 复合粉末的磁导率实部；(d) 复合粉末的磁导率虚部。

明显存在纳米 SiC 颗粒,而涂层的制备中出现了 Fe_3O_4 相,说明涂层在制备过程中受到了过热行为,使得易氧化金属 Fe 粒子发生氧化。涂层的 XRD 则说明(图 5.10(d)),在涂层制备过程中,除一部分熔化成玻璃(非晶)外,主要的晶体相为 AB_2O_4 结构的 Fe_3O_4 和 ABO_3 结构的 Fe_2O_3 以及部分未氧化的 α - Fe 相,同时 β - SiC 相也保留于涂层中。

当在涂层中引入易氧化金属 Fe 时,涂层中出现结构通式为 $MeFe_2O_4$ 的晶体结构,式中 Me 为二价阳离子。金属离子占据其中的空位,通过氧离子发生超交换作用,产生亚铁磁性,是由于 A、B 位置上磁性离子磁矩反向排列,相互不能抵消而引起的,因此磁性能与金属离子的分布情况关系非常密切。它的饱和磁化强度来源于未被抵消的磁性次格子的磁矩,在其晶体结构中,四面体中的磁性离子和八面体中的磁性离子的磁矩是反平行排列的,因此可以用离子替代的办法,来增加或减少四面体和八面体中的磁性离子数,从而减少或增加铁氧体的饱和磁化强度。金属颗粒的引入,超声分散造粒后,经过喷涂掺混了 β - SiC 纳米

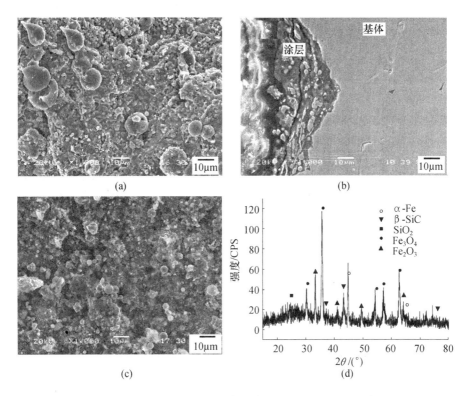

图 5.10 Fe-(SiC/LBS)复合涂层的形貌与 XRD 图谱
(a) 涂层表面；(b) 涂层截面；(c) 涂层内部 SEM 形貌；(d) 涂层 XRD 图谱。

颗粒,导致涂层的电阻率下降,介电常数和介电损耗增加,另外随着金属粒子的增加也可形成磁性物质,使得纳米 SiC 涂层带有一定的磁损耗。

5.3.3　Fe 含量对涂层吸波性能的影响

金属粒子的引入,构成"金属—陶瓷"体系吸波涂层,根据金属和陶瓷的含量可分为金属区和介电区。金属区,金属组成的体积百分含量远远大于陶瓷材料,金属键相接,形成以金属为主的涂层,这种状态下,呈现金属型的导电性,电阻率低,电阻温度系数为正,由于除金属外还存在陶瓷相,因此在电子输运过程中必然受到金属—陶瓷界面的散射作用,导致导电性低于纯金属。在介电区,金属组成体积百分数远低于陶瓷相,金属组元以孤立的微颗粒形式嵌入陶瓷中,从而呈现半导体类型的导电性,电阻率较高,电阻率系数为负值,电子输运主要通过隧道效应进行。

图 5.11 为在 LBS 基纳米 β-SiC 吸波粉末中加入金属 α-Fe 后,涂层对电磁波的反射率特征。图 5.11(a) 为采用等效媒质理论计算后,并采用传输线方程计算得到的引入 Fe 相后涂层对电磁波的反射率曲线,表明金属 α-Fe 的加

入使得涂层的磁化特征不断出现,在逾渗阈值以下,涂层对电磁波的反射特征表现为介电损耗,而当高于逾渗阈值后,涂层的磁损耗特征明显。当含有50wt%Fe时,电磁波反射率曲线与α-Fe吸波涂层的反射率曲线特征相似。图5.11(b)为采用超音速火焰喷涂技术制备的涂层对电磁波的反射率的特征曲线,涂层厚度为0.3mm,基体采用45钢。值得说明的是,喷涂过程中,由于涂层过热,基体产生小的变形。

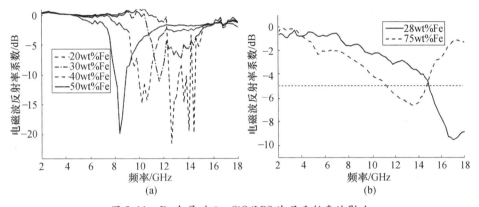

图5.11 Fe含量对β-SiC/LBS涂层反射率的影响

(a)数值计算结果(d=1.0mm);(b)试验测试(d=0.4mm)。

5.4 超细镍对 LBS 基复合吸波涂层性能的影响

5.4.1 复合粉末的表征

碳化硅是多波段吸波材料的主要组成部分,可实现轻质、薄层、宽频带和多频段,但单纯以碳化硅作为吸波材料,性能受到限制,而加入惰性金属超细微粉,不但可以通过多种损耗来提高电磁波反射率,还能满足涂层在高温条件下的吸波要求。

图5.12为加入超细 Ni 粉后,经过喷雾造粒后得到的复合吸波粉末的组织特征。(a)、(c)为团聚后的粉末 SEM 和 XRD 图谱,团聚后的粒子呈球形,而且在喷涂过程中流动性好,解决了纳米材料流动性能差的问题。同时,(b)、(d)图分别为超细 Ni 粉的 SEM 和 XRD 图谱。团聚后的 Ni 基纳米 β-SiC 基复合粉末的电磁参数如图5.11(c,d),其中 Ni:SiC:LBS = 0.46:0.23:0.31(质量比)。测试的电磁参数的质量含量为60wt%,与石蜡混合。

图5.13为不同超细 Ni 粉含量对复合吸波粉末介电性能的影响,与图5.3相比较,Ni 粉末的加入降低了复合粉末的介电系数,特别是介电系数虚部,超细 Ni 粉的引入对复合吸波粉末介电系数产生重要的影响,试验中选取了20wt%、

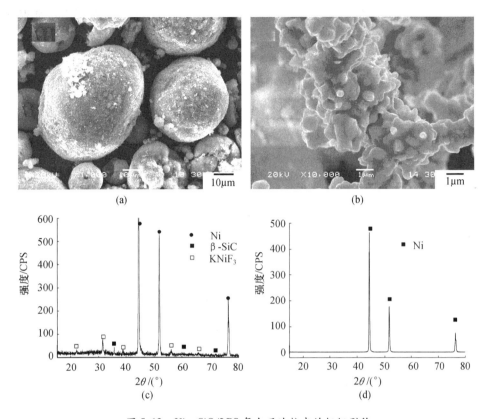

图 5.12　Ni – SiC/LBS 复合吸波粉末的组织形貌

（a）复合团聚粉末 SEM 形貌；（b）超细 Ni 粉末 SEM 形貌；

（c）复合粉末的 XRD 图谱；（d）超细 Ni 粉末的 XRD 图谱。

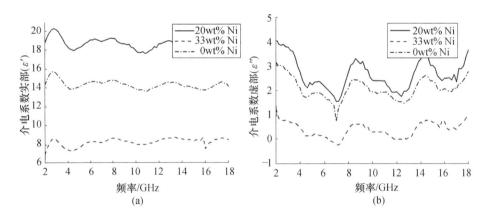

图 5.13　超细 Ni 含量对复合吸波粉末介电系数的影响

（a）复合吸波粉末介电系数实部；（b）复合吸波粉末介电系数虚部。

33wt% 以及不含 Ni 粉的复合吸波粉末,说明当 Ni 在 33wt% 粉末的电磁参数受到明显的影响,经计算的介电系数实部和虚部均小于其他两种混合状态,说明在制备 Ni 基复合吸波涂层时,设计的复合吸波粉末中超细 Ni 粉的含量不超过 33wt% 。

5.4.2 超细 Ni 对吸波涂层组织的影响

图 5.14 为超音速火焰喷涂制备 Ni 基 LBS 纳米 β – SiC 复合吸波涂层。图 (a)为涂层表面的微观形貌,喷涂过程中,团聚粉末颗粒中分散剂受热分解,促使涂层构建过程中出现相对独立的纳米粒子,图(b)为涂层端面的微观特征,图 (c)为涂层表面的背散射图像。图 5.14(d)为不同含量 Ni 加入后涂层的 XRD 图谱,表明涂层较好地保证了粉末的特征。由逾渗理论可知,在金属 – 陶瓷复合涂层中,随着金属粒子的加入,渗流集团结构出现典型的渗流转变。

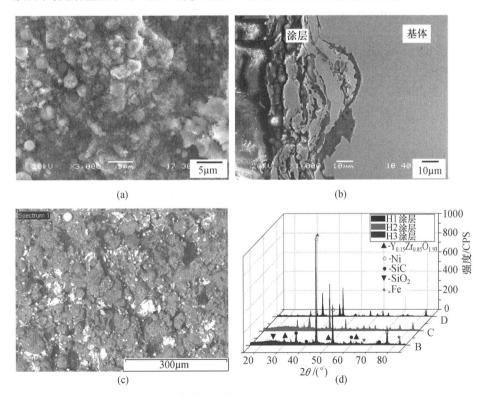

图 5.14 超音速火焰喷涂 Ni – (纳米 β – SiC/LBS)
复合吸波涂层组织形貌
(a)涂层表面微观形貌;(b)涂层端面的微观特征;
(c)涂层背散射图像;(d)涂层 XRD 图谱。

5.4.3　超细 Ni 对涂层电磁波反射率的影响

图 5.15 为超音速火焰喷涂技术制备的超细 Ni 对涂层性能的影响。图(a)为不同厚度状态下涂层对电磁波的反射率系数,图中表明,涂层在高频段(12~18GHz)之间对电磁波的吸收能力比较优秀,随着厚度的增加,涂层对电磁波的吸收能力增强,但考虑到涂层与基体之间的结合强度,涂层的厚度需要控制在 0.5mm 以内。图(b)为不同 Ni 含量时,在 45 钢基体采用超音速火焰喷涂技术制备的涂层(H1 涂层含量为 33%,涂层厚度为 0.3mm;H2 涂层含量为 46wt%,涂层厚度为 0.4mm)。受到喷涂工艺特征的限制,涂层的厚度不能达到 1mm。尽管 H3 涂层的电磁波反射率曲线在 15.8GHz 时可以达到 −25dB。但系统观察三图可知,当频率为 8~18GHz 时,涂层 H3 的反射率分布在 −10~−5dB。试验表明,采用工艺(O_2:28~26m³/h;煤油:20L/h;混合压力:1.6MPa,喷涂距离:250mm)时制备的 Ni 基复合涂层性能较好。

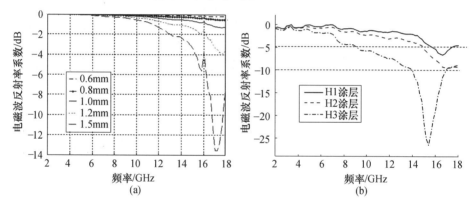

图 5.15　超音速火焰喷涂复合吸波涂层的反射率系数
(a)不同厚度涂层反射率(理论计算值);
(b)不同含量的 Ni 基复合吸波涂层反射率(试验值)。

5.5　金属粒子含量对涂层结合强度的影响

表 5.3 为不同金属粒子含量时的涂层结合强度,涂层厚度分别为 0.3mm、0.4mm、0.35mm、0.4mm,H1、H2 为含 Fe 复合吸波涂层的结合强度,两种工艺状态下,涂层的平均结合强度分别为 24.84 ± 3.22MPa、15.23 ± 9.91MPa;H3、H4 涂层分别为 Ni 粒子的引入时涂层的结合强度,分别为 26.20 ± 3.16 MPa 和 25.66 ± 3.16MPa。为了防止胶体进入涂层内部而提高了涂层的强度,试验中采用黏度较大的金属粘胶来制作涂层的对偶件。

表 5.3　超音速火焰喷涂吸波涂层结合强度

编号	测试值/MPa	涂层厚度/mm	平均值/MPa
H1	24.66 25.29 22.12 24.05 28.06	0.30	24.84 ± 3.22
H2	21.04 21.50 16.92 11.39 5.32 ×	0.40	15.23 ± 9.91
H3	26.14 26.88 28.55 26.37 23.04	0.35	26.20 ± 3.16
H4	25.68 28.4 23.4 28.31 22.50	0.40	25.66 ± 3.16
注:×断于胶层			

图 5.16 为应用小波极大模法提取的涂层的裂纹边界。图 5.16(a) 中可明显看到,涂层在沉积后,因内应力作用出现了呈树枝状的内裂纹。而图 5.16(b) 中的椭圆形为涂层沉积后的粒子轮廓,但在经过边缘提取后的涂层微观形貌中存在一条贯穿微观结构形貌中的裂纹曲线,这对涂层结合强度的降低都有着明显的作用。因而,要阻碍微小缺陷发展成为裂纹,必须在其扩展途径上设置障碍。由于金属相将陶瓷颗粒粘结在一起,以使在断裂中包含金属相的塑性变形,从而吸收相当一部分断裂能,而对全部陶瓷的体系,塑性变形韧性的提高可使裂纹偏离二维平面状态,导致吸收断裂能增大。

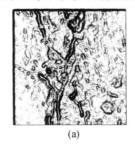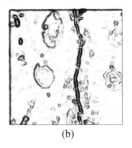

(a)　　　　　　　　　　(b)

图 5.16　基于小波极大模提取的超音速喷涂层内裂纹

5.6　小　结

本章应用多功能超音速火焰喷涂技术制备 LBS 基纳米 β – SiC 系列的复合吸波涂层,系统研究了涂层性能,并采用小波极大模提取了涂层的微观断裂特征,提取了热喷涂粒子特征,对超音速火焰喷涂制备的吸波涂层电磁波反射率进行了评估。

(1) 多功能超音速火焰喷涂技术制备 LBS 基纳米 β – SiC 复合吸波涂层的最优工艺为:氧气:$28 \sim 26 \mathrm{m}^3/\mathrm{h}$(1.6MPa);煤油:20L/h(1.5MPa)。制备的 LBS 基纳米 β – SiC 复合吸波涂层,涂层与基体的结合强度为 8.54 ~ 10MPa,β – SiC 含量为 64wt% 时,在 14 ~ 18GHz 内,反射率小于 – 5dB,当频率大于 14GHz 时,

反射率系数降低到 – 14dB。

（2）研究了易氧化金属 Fe 对 LBS 基纳米 β – SiC 复合吸波涂层的影响,喷涂过程中,Fe 相发生严重氧化。当在涂层中引入易氧化金属 Fe 时,涂层中出现结构通式为 $MeFe_2O_4$ 的铁氧体晶体结构,金属 α – Fe 的加入使得涂层出现磁化特征,在逾渗阈值以下,涂层对电磁波的反射特征表现为电损耗。而当高于逾渗阈值后,涂层的磁损耗逐渐明显,50wt% Fe 涂层的反射率曲线为典型的 Fe 吸波涂层的特征。

（3）研究了超细 Ni 对 LBS 基纳米 β – SiC 复合吸波涂层的影响,33wt% Ni 粉末含量的介电系数实部和虚部均要小于其他两种混合状态,说明在制备 Ni 基复合吸波涂层时,设计的复合吸波粉末中超细 Ni 粉的含量不能超过33wt%。涂层在高频段(12～18GHz)对电磁波的吸收能力比较优秀,随着厚度的增加,涂层对电磁波的吸收能力增强,但考虑到涂层与基体之间的结合强度,涂层的厚度需要控制在 0.5mm 以内。涂层的电磁波反射率曲线在 15.8GHz 时可以达到 – 25dB。

参 考 文 献

[1] ARI H Sihvola. Self – Consistency Aspects of Dielectric Mixing Theories[J]. IEEE Transcations on Geoscience and Remote Sensing,1989,27(4)：403 – 415.

[2] 袁晓静,王汉功,侯根良,等.热喷涂纳米 SiC/ LBS 涂层吸波性能研究[J].中国有色金属学报,2009,12:2198～2204.

[3] 南策文.非均质材料物理:显微组织—性能关联[M].北京:科学出版社,2004.

[4] Kurzydlowski K J, Ralph B. the Quantitative Description of the Microstructure of Materials[J]. Boca Raton：CRC press, 1995.

[5] Dyskin A V. Effective characteristics and stress concentrations in materials with self – similar microstructure [J]. International Journal of Solids and Structures,2005 (42)：477 – 502.

[6] Sofiane Guessasma, Ghislain Montavon, Christian Coddet. On the implementation of the fractal concept to quantify thermal spray deposit surface characteristics [J]. Surface and Coatings Technology, 2003 (173)：24 – 38.

[7] Mallat, S G. A Theory for Multiresolution Signal Decomposition：The Wavelet Representation[J]. IEEE Trans. PAMI, 1989,11(7)：674 – 693.

[8] Carlos Parra, Khan Iftekharuddin, David Rendon. Wavelet Based Estimation of the fractal Dimension in fBm Images[C]// the 1st IEEE conference on Neural Engineering, March, 2003.

[9] Christian Brosseau , Philippe Talbot. Effective Permittivity of Nanocomposite Powder Compacts[J]. IEEE Transactions on Dielectrics and Electrical Insulation, 2004,11(5)：819 – 831.

第六章　MoS_2 自润滑涂层制备及性能研究

机械设备面临高温、高速、重载等严酷的工作环境,各行业都要求机械设备满足安全、稳定、高效、低能耗等条件,机械零部件面临越来越多的挑战,而减少机械、机构的摩擦磨损,是现代机械设备必须解决的问题。

高温、高负荷、高速、真空和强辐射等苛刻条件下工作的机械部件涉及到腐蚀、摩擦磨损和润滑材料选择的难题。对于在一般工作环境下能够满足润滑条件的液体润滑剂,在重载、高温、高速等苛刻条件下面临分解、蒸发,不能形成有效的润滑油膜,机械部件将会加速磨损,造成机械设备的早期失效和损坏。而固体润滑涂层是用固体微粉、薄膜或复合材料代替润滑油脂,隔离相对运动的摩擦面以达到减摩和耐磨的目的。

目前,自润滑涂层的研究主要集中于材料改性与摩擦学性能。为制备高承载、低摩擦、耐高温、耐腐蚀、稳定性能好、维护简单、可靠性高、环境友好型的固体润滑涂层,本章通过造粒方法将纳米及超微粉末团聚成适合喷涂工艺的微米级粉末材料,并利用超音速火焰喷涂制备出固体润滑涂层。

6.1　喷涂粉末

1. 喷涂粉末选择

固体自润滑涂层的材料主要有:以石墨、MoS_2、WSe_2、WS_2、$NbSe_2$ 等为芯核的软质材料,以铜、铝、银等软金属为主的金属材料,Ti 陶瓷基、Si 陶瓷基复合材料,聚酰胺、聚四氟乙烯等高分子材料,纳米自润滑固体材料等。热喷涂技术制备的固体自润滑涂层在工业的很多领域具有独特的优势,特别是在流体润滑难以实施的场合,如高温、超低温、有化学腐蚀、真空等条件下,常用的固体润滑材料是石墨和二硫化钼,它们都具有层状的六方晶系晶体结构,这种结构是各向异性的,在剪切力作用下,容易滑移的晶面使其具有优良的自润滑性能。其中,MoS_2 是一种略带银灰色光泽的黑灰色粉末,化学稳定性和热稳定性都很好,与一般金属材料表面不产生化学反应,对橡胶材料无侵蚀,但在大气中,673K 左右开始逐渐氧化,生成三氧化钼。通常采用金属镍包覆 MoS_2 颗粒,形成复合粉末材料,这样既可以提高涂层与基体的结合强度,润湿并固化 MoS_2 颗粒,并提高涂层的耐热和耐蚀性能。通常镍包二硫化钼涂层由火焰喷涂和等离子喷涂制备,除用作自润滑涂层外,还可用于比镍包石墨涂层使用温度更高的发动机可磨耗密封涂层。

摩擦学材料的合金化是细化材料晶粒、提高耐磨损能力的有效手段,可以改善材料的显微组织和性能,提高材料的耐磨性能,而复合化通过在基体材料中引入增强相,并充分发挥基体材料和增强相的各自优势,提高材料的减摩和抗磨损能力。纳米 SiC、硬质材料 WC - 12Co 及 NiCoCrAlY 等粉末材料的加入,可以提高自润滑涂层的耐压能力、承载能力、硬度、涂层的力学性能,而稀土金属的加入,可以降低粉末粒子的界面能,细化晶粒,有效分解位错、裂纹的扩展能,降低其应变能,提高涂层的韧性和耐磨性。

根据粉末的粒度及材料特性,并兼顾复合粉末充填的均匀性,设计了四种不同配比的复合粉末,即 Ni - MoS$_2$、Ni - MoS$_2$ + 2wt% SiC、Ni - MoS$_2$ + 10wt% NiCo-CrAlY、Ni - MoS$_2$ + 10wt% WC - 12Co。

2. 颗粒间的作用力

固体是一种能保持一定宏观外形和承受应力的刚性物质,将固体粉碎成小颗粒,使得颗粒间表面能增加,而颗粒间由于相互作用就产生了作用力,颗粒间的主要作用力有:

(1)当颗粒与颗粒相互靠近接触时,颗粒间存在范德瓦尔斯力,这种吸引力是短程力,与分子间距的 6 次方成比例,颗粒间的分子作用力的有效间距可以达到 50nm,这对纳米粉末的分散影响很大,容易造成纳米粉体的团聚,对于半径分别为 R_1、R_2 的两个球形颗粒,分子间作用力 F_M 表达式:

$$F_M = \frac{A}{6h^2} \cdot \frac{R_1 R_2}{R_1 + R_2} \qquad (6.1)$$

式中 h——颗粒间距离,通常取 4×10^{-10} m;

A——哈梅克常数,单位为 J。

(2)相互接触的颗粒间由于相对运动,带来颗粒间的电荷转移,带电的颗粒间就形成了静电力。Rumpf 对带有异性电荷 Q_1、Q_2 的两个直径为 D_p 的颗粒间引力 F 提出表达式:

$$F = \frac{Q_1 Q_2}{D_p^2} \left(1 - \frac{2a}{D_p} \right) \qquad (6.2)$$

式中 a——两颗粒表面间距。

(3)当粉体材料暴露在湿空气中,由于颗粒表面不饱和力场的作用将吸附空气中的水分,随着空气的湿度接近饱和,颗粒间的空隙将有水分凝结,在颗粒接触点形成液桥,当颗粒形成液桥时,由于表面张力和毛细压差的作用,颗粒间将有毛细力(也称液桥力)存在。

毛细力(液桥力)比分子力约大 1 ~ 2 数量级,因此湿空气中颗粒的凝聚主要是毛细力(液桥力)造成的,而在粉体非常干燥的条件下则由范德瓦尔斯力引起,因此喷涂前,一般需要将喷涂粉末烘烤去潮,而粉末储存在干燥皿,目的就是减少毛细力对粉末团聚、结块的影响。

3. 颗粒的团聚与分散

颗粒(尤其是细微、超细颗粒)在介质中有团聚和分散两个相反的行为。颗粒间彼此互不相干、能自由运动的状态称为分散,颗粒由于相互作用而发生聚合的状态称为团聚。

颗粒的团聚根据其作用机理分为三种状态:凝聚体是指以面相连的粒子,其表面积比其单个粒子组成之和小得多;附聚体是以点、角相连的原级粒子团族或小颗粒在大颗粒上的附着,其表面积比凝聚体大,但小于单个粒子组成之和,再分散比较容易;絮凝是指由于体系表面积的增加、表面能增大,为降低表面能而生成的更加松散的结构。

颗粒在空气中发生团聚的主要原因是颗粒间的范德瓦尔斯力、静电力和液桥力的作用,其中液桥力最大,范德瓦尔斯力其次,静电力最小,而在干燥条件下颗粒间作用力主要以范德瓦尔斯力为主,因此,保持超微粉体干燥是防止团聚的重要措施。

4. 造粒方法及特点

造粒(或粒化)是指将微细粉末状物料添加结合剂做成流动性好的固体颗粒的操作。造粒在制药、玻璃、陶瓷、材料科技等国民经济中的许多部门得到普遍采用,造粒方法及其特点主要有:

1)转动造粒

转动造粒是将粉料添加适量的黏结剂水溶液,通过机械转动使黏结剂湿润粉体材料并发生凝聚作用。转动造粒多采用圆筒粒化机或盘式粒化机,将黏结剂喷洒在转动的圆盆或圆盘中的干燥粉料中,粉料随即凝聚成粒度均匀的团粒。圆筒粒化机如图 6.1 所示。

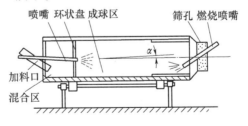

图 6.1　圆筒粒化机

粉料成粒的作用力主要有:粉料粒子对水的吸附力、粒子液膜的表面张力、黏结剂的黏结力、粉料干燥后结晶产生的固相拱桥作用。

2)加压造粒法

加压造粒法是将混合黏结剂的物料在炼胶机上挤压 1～3 次压成硬度适量的薄片,再碾碎造粒,加压设备的结构如图 6.2 所示。

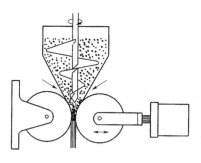

图 6.2 加压造粒法

3）喷雾干燥造粒法

喷雾干燥造粒是用喷雾器将制好的浆料喷入立塔进行雾化,同时通过另一路输入热空气对雾粒进行干燥,然后经旋风分离器分离收集,喷雾造粒可以得到比较理想的流动性能好的球形颗粒,这是因为造粒过程中料浆依靠表面张力而收缩成球形。

另外还有流化喷雾造粒和塑性造粒。

5. 粉末粒化机理

粒化机中喷洒黏结剂的物料粉体表面吸附水分,而相邻粒子间形成液桥,这种结构不够紧密地凝聚体称为"粒化核",粒化核碰撞形成较大的凝聚体。粒化机转动使粉料和小颗粒粘接并压实,最后颗粒表面液体全部被微细干粉料吸收,颗粒不再长大,经过干燥处理,完成造粒过程。造粒过程经历"粒化核"的产生、凝聚物的长大、颗粒的球形整固过程,如图 6.3 所示。

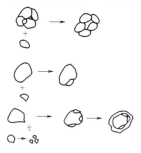

图 6.3 颗粒粒化

6. 复合粉末造粒

由于纳米 SiC 粉末重量轻、熔点高、硬度高,在喷涂过程中,粉末容易随着激波漂荡而分散不集中,同时在外流场中所受阻尼作用大,粉末速度迅速降低,不容易形成涂层,这给复合涂层的制备带来了许多困难,通过喷雾造粒可以有效解决这一难题。

喷雾造粒采用处理器控制,可设定进风温度、气流,自动疏通阻塞频率和泵速。蠕动泵从样品容器内抽取溶液,通过雾化喷嘴喷射到主腔,空压机把压缩空气送至喷口的外套管使得液体变成雾状体。热空气吹进主腔,蒸发雾滴中的水分,生成团聚颗粒,颗粒通过旋风方式分离,收集进样品瓶,其主要流程如图 6.4 所示。在造粒过程中由于镍包二硫化钼粉末粒度较大也较重,容易沉降,为提高团聚粉末的均匀性,利用机械和磁搅拌器对复合粉末悬浮液进行搅拌。

图 6.4　复合粉体喷雾造粒过程

图 6.5(a)为纳米 SiC 粉末扫描电镜,粉末呈絮状,这是因为粉末呈纳米状态后,粉末表面积变大,表面能迅速增加,纳米粉末相互吸引发生团聚,粒度分布于数十纳米。图 6.5(b)为镍包二硫化钼粉末扫描电镜,粉末粒度在 30 ~ 60μm 之间,粉末呈不规则的多边形,粉末颗粒疏松并有孔隙存在。图 6.5(c)是通过喷雾造粒制备的镍包二硫化钼与纳米碳化硅复合团聚粉末扫描电镜,造粒过程中,部分团聚的纳米碳化硅在聚乙烯醇溶液内充分分散,而镍包二硫化钼粒子较大容易沉淀,为此采用机械搅拌充分分散粉末,通过喷雾造粒制成镍包二硫化钼与纳米碳化硅复合团聚粉末。由图 6.5(c)可知,纳米碳化硅粘覆在镍包二硫化

图 6.5　粉末形貌
(a) 纳米 SiC 粉末 SEM 形貌；(b) 镍包二硫化钼粉末 SEM 形貌；
(c) Ni – MoS$_2$ +2wt% SiC 复合粉末 SEM 形貌。

钼粉末表面,并部分充填于镍包二硫化钼表面的孔隙内,团聚粉末粒度在 30 ~ 60μm 之间,团聚粉末粒子相对于镍包二硫化钼粉末长条形长径比有所减小,粉末形状更为饱满,趋于近球形,改善了粉末的流动性,有利于喷涂过程的送粉,颗粒表面的孔隙明显降少,粉末粒度没有明显变大,表明造粒过程达到预期目的。

6.2 复合固体润滑涂层制备工艺

1. 喷涂粉末材料

喷涂粉末材料采用 Ni – MoS$_2$ 粉末,喷雾造粒的 Ni – MoS$_2$ + 2wt% SiC、Ni – MoS$_2$ + 2wt% 、Ni – MoS$_2$ + 10wt% NiCoCrAlY 混合粉末,Ni – MoS$_2$ + 10wt% WC – 12Co 混合粉末。

图 6.6(a)为 NiCoCrAlY 粉末的扫描电镜图谱,图中粉末粒子呈大小不一的球形分布,粒子成型度好,球形度完整。图 6.6(b)为 NiCoCrAlY 粉末的 X 射线衍射图谱,图中主要包含有 Ni、Al$_{80}$Cr$_{13}$Co$_7$、Al$_{1.1}$Ni$_{0.9}$、AlNi$_3$ 等金属相,表明粉末团聚、烧结过程没有发生氧化,但金属间发生了部分化合,形成了部分金属间化合物。

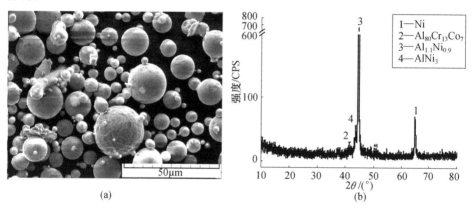

图 6.6 NiCoCrALY 粉末 SEM 和 XRD 图谱

(a) SEM;(b) XRD 图谱。

图 6.7(a)为 WC – 12Co 粉末扫描电镜图谱,图中粉末粒子呈球形分布,粒子外层包覆物较为松散,甚至有局部表面有塌陷情况,这种情况主要是造粒过程中为提高中间被包覆物 WC 的含量,降低了外层包覆物金属 Co 的配比所致。

图 6.7(b)为 WC – 12Co 粉末的 X 射线衍射图谱,图中主要包含有 Co 和 WC 等相,没有氧化物的存在,表明粉末造粒、烧结过程几乎没有发生氧化。

2. 涂层制备工艺

基体材料选择 45 钢和铝,为了提高涂层与基体之间的结合强度,对基材表

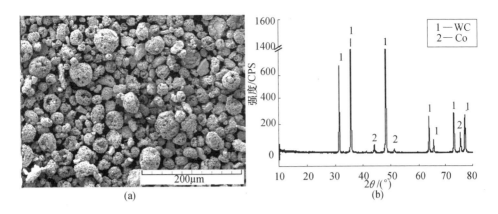

图 6.7　WC – 12Co 粉末 SEM 和 XRD 图谱

(a) SEM；(b) XRD 图谱。

面进行预处理。将待喷涂的工件表面进行净化,彻底清除附着在工件表面上的油污、油漆、氧化物等,显露出新的金属表面。清除油污采用酒精有机溶剂进行清洗擦拭,粗化和清除氧化物用喷砂方法进行处理,喷砂粗化时喷砂磨料采用 20 目棕刚玉,喷砂距离为 100mm,喷砂角度为 30°,压缩空气压力为 0.6 ~ 0.8MPa。

采用多功能超音速火焰喷涂设备制备自润滑涂层,喷涂工艺参数为:氧气压力 1.2MPa,流量 20m³/h;煤油流量 16L/h;送粉氮气压力 0.3MPa,流量 0.4m³/h;喷涂距离 250mm;喷枪移动速度 60mm/s。

6.3　涂层微观结构特征

1. Ni – MoS$_2$ 涂层

图 6.8 为超音速火焰喷涂镍包二硫化钼粉末涂层截面,图 6.8(a) 为 45 钢基体涂层,由图可知,在 45 钢基体上制备的镍包二硫化钼涂层致密,孔隙率低,涂层与基体结合好,涂层与界面间没有明显的分层,基体上的黑点是测试试样研磨过程中残留的研磨膏。图 6.8(b) 为铝基体涂层,基体表面受粒子撞击有部分的破裂,部分粉末粒子嵌入基体材料,涂层呈层状分布,并存在部分孔隙。

比较两图可知,镍包二硫化钼粉末高速撞击基体材料的成形过程中,硬度较低的铝基体材料塑性变形较大,粉末材料侵入基体材料,并造成基体结合界面发生变形。

图 6.9 为超音速火焰喷涂镍包二硫化钼粉末涂层的 X 射线衍射图谱,由图谱可以看出,涂层中主要存在有二硫化钼、镍、氧化钼和硫化镍等各相,表明涂层制备过程中有部分二硫化钼被氧化成氧化钼,而金属镍也被部分硫化成硫化镍。

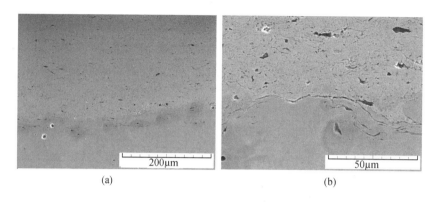

(a)   (b)

图 6.8 镍包二硫化钼粉末涂层端面形貌

(a) 45 钢基体;(b) 铝基体。

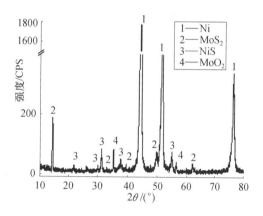

图 6.9 镍包二硫化钼粉末涂层 XRD 图谱

2. Ni – MoS_2 + 2wt% 纳米 SiC 团聚复合粉末涂层

图 6.10(a)为超音速火焰喷涂在 45 钢基体上喷涂镍包二硫化钼粉末与纳米 SiC 复合粉末涂层截面,由图可知,镍包二硫化钼 + 2wt% 纳米 SiC 复合粉末涂层呈层状分布,涂层中存在部分孔隙,部分粒子之间存在微裂纹,可能原因是超音速火焰温度较低,对于难熔的团聚粉末粒子变形不够充分,粒子间界面就结合不够紧密;基体表面受粒子撞击有部分的变形,部分粉末粒子嵌入基体材料。

图 6.10(b)为镍包二硫化钼粉末与 2wt% 纳米 SiC 复合粉末涂层的 X 射线衍射图谱,图中主要存在镍、二硫化钼和纳米 SiC 材料相,而且有部分材料生成硫化镍材料相,表明涂层粉末粒子中二硫化钼可能有部分被氧化,同时与少量的金属镍发生反应过程形成硫化镍。

3. Ni – MoS_2 + 10wt% NiCoCrAlY 混合粉末涂层

图 6.11(a)为超音速火焰喷涂在 45 钢基体上喷涂镍包二硫化钼粉末与

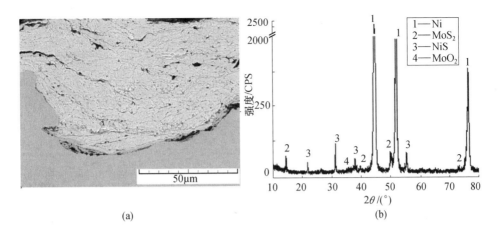

图 6.10　Ni – MoS₂ + 2wt% 纳米 SiC 涂层端面 SEM 和 XRD 图谱
（a）SEM；（b）XRD 图谱。

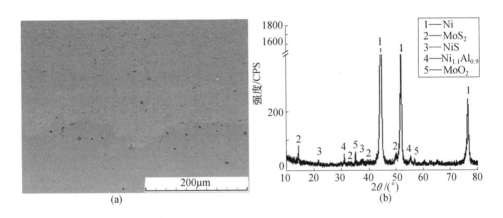

图 6.11　Ni – MoS₂ + 10wt% NiCoCrAlY 涂层端面 SEM 和 XRD 图谱
（a）SEM；（b）XRD 图谱。

10wt% NiCoCrAlY 复合粉末涂层截面,由图可知,镍包二硫化钼与 NiCoCrAlY 复合粉末涂层结合紧密,过渡部位几乎难以分辨,表明复合粉末材料与基体材料的机械及热力学方面相容性很好,涂层与基体面没有明显的分层情况。端面形貌扫描电镜图谱中有部分针点状圆形黑点,可能是试样制备过程中未清除干净的研磨剂。

图 6.11(b)为镍包二硫化钼粉末与 NiCoCrAlY 复合粉末涂层的 XRD 衍射图谱,图中存在镍、二硫化钼、镍铝合金和硫化镍等相,表明涂层粉末粒子中二硫化钼可能有部分被氧化,同时与少量的金属镍发生反应过程形成硫化镍,而涂层中钴、铬和钇金属相并没有测出,可能是在粉末中含量较低的缘故。

4. Ni - MoS₂ + 10wt% WC - 12Co 混合粉末涂层

图 6.12(a)为超音速火焰喷涂在 45 钢基体上喷涂镍包二硫化钼粉末与 10wt% WC - 12Co 复合粉末涂层端面形貌,由图可知,镍包二硫化钼与 WC - 12Co 复合粉末涂层结合紧密,涂层呈层状结构;本图是背散射扫描电镜图谱,涂层中白色颗粒为 WC - 12Co 粉末颗粒,由图可知,WC - 12Co 粉末分布均匀,说明粉末制备过程中粉末粒子分散均匀,使得粉末喷涂过程中涂层结合紧密;图中有部分的不规则的气孔和孔隙存在,这可能是涂层制备过程中粉末间搭结部分形成的。图 6.12(b)为镍包二硫化钼粉末与 WC - 12Co 复合粉末涂层的 X 射线衍射图谱,图中存在镍、二硫化钼、碳化钨、钴、硫化镍和氧化钼等相,这说明涂层制备过程中二硫化钼粉末粒子有少量被氧化形成氧化钼,而金属镍则被硫化成硫化镍。

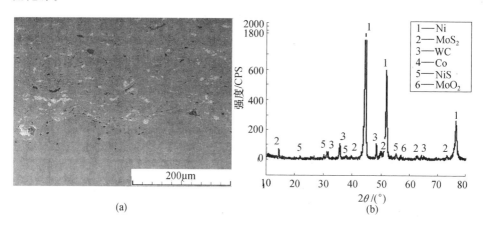

(a)   (b)

图 6.12   Ni - MoS₂ + 10wt% WC - 12Co 涂层端面 SEM 和 XRD 图谱
(a) SEM 图谱;(b) XRD 图谱。

5. 固体润滑涂层端面研究

未处理的涂层端面形貌能提供涂层制备过程中的部分信息,为此对部分固体润滑涂层的端面形貌进行了研究分析,分别选取了超音速火焰喷涂 Ni - MoS₂ + 10wt% NiCoCrAlY、Ni - MoS₂ + 10wt% WC - 12Co 复合粉末涂层,对所选取的未经处理涂层端面分析研究。

图 6.13、图 6.14 分别为火焰喷涂 Ni - MoS₂ + 10wt% NiCoCrAlY 复合粉末、Ni - MoS₂ + 10wt% WC - 12Co 复合粉末涂层端面形貌,由图 6.13(a)、图 6.14(a)可以看出,涂层中粉末熔化不够充分,涂层看似夹生状态;但由图 6.13(b)、图 6.14(b)可以看出,粉末粒子外层呈现熔融状,涂层内结合较为紧密,同时涂层内存在部分孔隙和气孔。

(a)	(b)

图 6.13　Ni – MoS$_2$ + 10wt% NiCoCrAlY 复合粉末涂层端面形貌

(a)	(b)

图 6.14　Ni – MoS$_2$ + 10wt% WC – 12Co 复合粉末涂层端面形貌

6.4　复合固体润滑涂层硬度

润滑涂层的材料硬度是衡量润滑涂层软硬程度的力学性能指标,是反映润滑材料表面局部体积内抵抗材料变形、破裂的能力,是材料、结构的强度和塑性的综合性指标,可以为涂层的承载和使用提供技术参考。

1. 材料的显微结构

宏观上,人们常把材料看成是均匀体,但通过现代测试技术观察,实际上材料中存在各种非均匀性。非均匀性可被分为:微观非均匀性,通常是原子尺度上的材料化学或物理非均匀性,如晶体缺陷等;显微非均匀性通常是静态的,它的尺度大于结构中任何微观尺度,可由颗粒生长、相变、沉淀、组装等方法产生,它们的材料行为仍可由宏观本构方程描述。

1）材料显微非均匀性

两相复合材料具有各自不同的显微结构和相分布状态,几何上各向同性的

显微非均匀性是由颗粒无规则取向排列构成,包括如下三种形貌:

弥散颗粒结构:当弥散相的含量相当低时,弥散相颗粒是统计弥散在基体相中形成稀浓度弥散颗粒结构;当弥散相含量较大时,但弥散相颗粒可以较为均匀地分散在基体相中,形成较均匀弥散结构。

聚集颗粒结构:当少相含量较高时,少相颗粒聚集形成颗粒集团,如无规则链状和密堆积状集团。

渗流状集团结构:当少相含量大于渗流阈值,少相颗粒将相互连接形成一个连续的无规则集团,即相互贯穿的骨架结构;颗粒也可作不同周期性排列,形成具有周期性的互穿骨架结构。

2)材料显微结构要素

材料的复杂显微结构都可理解为由许多具有不同几何特性和性质的均匀微域所组成,主要包括四个方面:

微域的特性:材料中微域的性质取决于它的原子组成和原子结构,微域可以是金属、非金属或高分子,甚至液相或气相组成,同时它可以是晶体或无序态,一般材料微域尺度通常远大于微观特征尺度,因此,通常近似认为微域具有宏观均匀材料特性。

微域几何特征:材料中具有相同性质的微域可以用体积分数、质量分数或摩尔分数来表示不同微域的相对含量,微域颗粒尺寸是一个可在几个数量级范围内调节的几何参数,而且发现颗粒半径具有对数正态分布形式,同时显微结构中微域的空间分布是相关函数。

微域拓扑特征,如空间排列分布、线连接度;微域间相互作用,如界面。

3)硬度试验

硬度试验是测定材料硬度的一种力学性能试验,它的测定原理是:用一个较硬物体按规范压入被测材料的表面,通过测定压痕计算并给出材料的硬度值。不同的测试对象与材料适用于不同的硬度测试方法,常用的有压入法和划痕法,压入法测得的硬度值表示材料表面抵抗另一物体引起塑性变形的能力;而划痕法测得的硬度值则表示材料表面抵抗裂开的能力。

常用的压入法有布氏硬度、洛氏硬度、维氏硬度、显微硬度等,此测定须将被测工件或试样放在硬度计的试样台上,施加一定载荷将压头压入试样表面,卸载后测定压痕面积或深度,按相应公式计算硬度值。

2. 固体润滑涂层洛氏硬度

洛氏硬度测试时,将金刚石圆锥压头(顶角 120°)或钢球压头(直径 1.588mm)分两次加载,先加初载荷 P_0,再加主载荷 P_1,然后卸除 P_1,在 P_0 继续作用下由测得的残余压入深度值 $e(P_1$ 所引起的)计算。e 值相当于压头向下轴向移动的距离,e 值越大,硬度越低。一个洛氏硬度值等于 0.002mm 的距离。洛氏硬度以符号 HR 表示,按所用标尺分为:HRA、HRB 和 HRC,其硬度值分别按下列公式计算：

用 A 及 C 标尺时：

$$HR = 100 - e \qquad (6.3)$$

用 B 标尺时：

$$HR = 130 - e \qquad (6.4)$$

e 值用以下公式表达：

$$e = \frac{h_1 - h_0}{0.002} \qquad (6.5)$$

式中　h_0——在初载荷作用下压头压入表面的深度（mm）；

　　　h_1——施加总载荷后卸除主载荷，在 P_0 继续作用下压头压入深度（mm）。

洛氏硬度的载荷与测量范围如表 6.1 所列。

表 6.1　洛氏硬度的载荷与测量范围

符 号		总 载 荷 $(P_0 + P_1)$/kg	标尺使用范围	压头种类
标尺	硬度值			
A	HRA	60	70 ~ 86	金刚石圆锥体
B	HRB	100	25 ~ 100	钢球
C	HRC	150	20 ~ 70	金刚石圆锥体

3. 试验结果与讨论

本试验采用洛氏硬度测试法对固体润滑涂层：Ni - MoS$_2$、Ni - MoS$_2$ + 10wt%
NiCrCoAlY、Ni - MoS$_2$ + 10wt% WC - 12Co、Ni - MoS$_2$ + 2wt% SiC 等涂层硬度进行
了测试。

图 6.15 为镍包二硫化钼涂层洛氏硬度测试结果形貌，由图可以看出：钢球

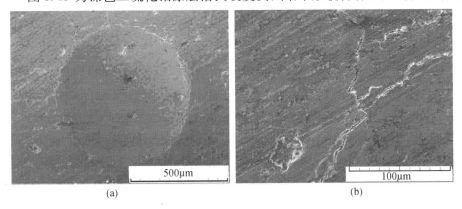

(a)　　　　　　　　　　　　　　　　(b)

图 6.15　Ni - MoS$_2$ 涂层洛氏硬度测试

115

挤压涂层表面,涂层接触部分压缩变形充分,而在钢球的挤压下,涂层与钢球接触边沿部位形成裂纹,裂纹沿涂层薄弱部位扩展释放能量。

表 6.2 为涂层洛氏硬度试验结果,由表可知,在超音速火焰喷涂制备的润滑涂层中,$Ni-MoS_2$ 涂层的硬度为 94.5HRB,而 $Ni-MoS_2+10wt\%$ NiCrCoAlY、$Ni-MoS_2+10wt\%$ WC-12Co、$Ni-MoS_2+2wt\%$ SiC 涂层的硬度逐步增大,分别为 98.03HRB、99.6HRB、101.7HRB,试验结果表明添加的黏结粉末材料、硬质材料粉末材料与纳米硬质材料的涂层的硬度都有一定的提高,其中以添加纳米硬质材料粉末的涂层的硬度增加最大。

表 6.2 涂层洛氏硬度

涂层	洛氏硬度测定(HRB)	洛氏硬度(HRB)
$Ni-MoS_2$	95.2,94.6,93.8	94.5 ± 0.7
$Ni-MoS_2+2wt\%$ SiC	101.4,101.8,102.0	101.7 ± 0.3
$Ni-MoS_2+10\%$ NiCrCoAlY	98.1,98.0,98.0	98.03 ± 0.7
$Ni-MoS_2+10\%$ WC-12Co	99.7,99.7,99.4	99.6 ± 0.2
$Ni-MoS_2+2\%$ SiC$+3\%$ Y	100.0,100.9,100.7	100.5 ± 0.5
$Ni-MoS_2+2\%$ SiC$+6\%$ Y	98.4,97.8,98.2	98.1 ± 0.3

6.5　复合固体润滑涂层结合强度研究

界面的结合强度强烈地影响着材料的力学性能,一定程度上决定着涂层的使用寿命。涂层材料中不可避免地会存在残余应力,这是喷涂过程中粉末粒子撞击基体及不同粉末粒子的热膨胀系数的不同造成的,各种因数影响着涂层的力学性能和使用性能,而涂层的结合强度就在一定程度上对涂层的力学性能做出了评判。

6.5.1　涂层结合强度试验结果与讨论

涂层的结合强度试验根据 ASTMC 633 − 79 采用粘结对偶试样拉伸试验法测定涂层结合强度,涂层的断裂都发生在涂层与基体的结合部位,说明涂层的内聚结合强度都大于涂层与基体的结合,要提高涂层的结合强度,应该着重研究涂层与基体的结合,表 6.3 为润滑涂层结合强度。

表 6.3 涂层结合强度

涂层	拉伸应力在最大载荷/MPa	平均最大载荷/MPa
$Ni-MoS_2$	13.428,15.307,14.221,12.996,12.442	13.679
$Ni-MoS_2+2wt\%$ SiC	32.822,25.583,33.185,33.076,24.076	29.748

涂 层	拉伸应力在最大载荷/MPa	平均最大载荷/MPa
Ni – MoS$_2$ + 10wt% NiCrCoAlY	23.608,22.038,23.115,26.554,21.871	23.438
Ni – MoS$_2$ + 10wt% WC – 12Co	19.18,18.4,19.221,20.217,19.5	19.304

由表 6.3 可知,Ni – MoS$_2$ 涂层结合强度为 13.679MPa,Ni – MoS$_2$ + 2wt% SiC 涂层结合强度为 29.748MPa,Ni – MoS$_2$ + 10wt% NiCrCoAlY 涂层结合强度为 23.438MPa,Ni – MoS$_2$ + 10wt% WC – 12Co 涂层结合强度为 19.304MPa。

由试验结果可知,添加微细硬质材料粉末的复合涂层中,颗粒增强涂层的结合强度都得到了明显提高,添加纳米 SiC 的复合涂层结合强度明显高于纯 Ni – MoS$_2$ 涂层,这可能是由于纳米 SiC 粉末材料在涂层制备过程中充填涂层内部的孔隙、空隙,提高了喷涂粉末间结合能力,改善了涂层质量,提高了复合涂层的机械结合强度;对于添加的微米 NiCrCoAlY 粉末材料的复合涂层的结合强度也有明显的提高,这可能是由于 NiCrCoAlY 粉末材料作为喷涂层的添加剂,起到粉末间黏结作用,有效地提高了复合粉末涂层的结合强度;而对添加的微米 WC – 12Co 的复合粉末涂层,结合强度也得到了提高。

6.5.2 涂层断面特征

涂层拉伸断面的情况反映了粉末材料沉积过程,同时也反映出各粉末材料的特性。

1. Ni – MoS$_2$ 涂层的拉断面形貌

图 6.16 为镍包二硫化钼涂层的拉断面形貌,由图可知,断面处存在大量的韧窝,断裂面沿韧窝扩展,可能原因是涂层形成过程中,脆性较大的二硫化钼撞击破碎,破碎的二硫化钼粒子间形成气孔和孔隙,在拉伸载荷作用下,涂层中包覆不够良好的二硫化钼粒子被剥离,裂纹沿涂层较为脆弱的气孔和孔隙间扩展,造成涂层的断裂。

图 6.16　Ni – MoS$_2$ 涂层的拉断面形貌

2. Ni – MoS$_2$ + 2wt% SiC 涂层的拉断面形貌

图 6.17 为镍包二硫化钼与纳米碳化硅复合团聚粉末涂层的拉断面形貌,涂层的裂纹产生于粒子结合面,可能原因是:复合粉末涂层形成过程中,撞击破碎的二硫化钼粒子间被纳米碳化硅粒子所充填,减少了破碎的二硫化钼粒子间的气孔和孔隙,同时纳米粉末粒子具有比表面积大、表面自由能大等优点,使得复合粉末粒子间吸引力加大,从而改善了喷涂粒子间的结合,提高了涂层的拉伸结合强度。

图 6.17 Ni – MoS$_2$ + 2wt% SiC 复合涂层的拉断面形貌

3. Ni – MoS$_2$ + 10wt% NiCrCoAlY 涂层的拉断面形貌

图 6.18(a)为镍包二硫化钼与 NiCrCoAlY 复合粉末涂层的拉断面形貌,图 6.18(b)是图 6.18(a)涂层的背散射扫描电镜图谱,结合两图,可以清晰地看出,涂层的裂纹起始于粉末粒子间的结合较差界面、气孔和孔隙,涂层内结合较差的粉末粒子被"拔出"。

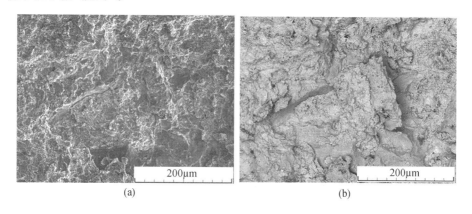

(a)   (b)

图 6.18 Ni – MoS$_2$ + 10wt% NiCrCoAlY 复合涂层的拉断面形貌

(a) SEM 形貌;(b) BSEM 形貌。

4. Ni – MoS$_2$ + 10wt% WC – 12Co 涂层的拉断面形貌

图 6.19(a)为镍包二硫化钼与 WC – 12Co 复合粉末涂层的拉断面形貌,图 6.19(b)是图 6.19(a)涂层的背散射图谱,图中可以清晰地看出:WC – 12Co 粉末材料在拉断面上分布均匀,强化了复合粉末粒子间的结合部位,粉末间粒子结合良好,涂层的裂纹起始于粉末粒子间的搭接界面。

(a) (b)

图 6.19 Ni – MoS$_2$ + 10wt% WC – 12Co 复合涂层的拉断面形貌

(a) SEM 形貌;(b) BSEM 形貌。

6.6 颗粒增强固体润滑涂层的摩擦磨损性能研究

6.6.1 材料的干摩擦

干摩擦是摩擦副双方固体表面的直接接触,在干摩擦过程中没有润滑油脂的介入,因此固体润滑涂层的干摩擦行为就具有一般油脂润滑情况下不同的特点。影响干摩擦特征的因素很多,主要是配副材料、传热因素、摩擦条件、界面情况等。

1. 摩擦热的影响

在有油脂润滑作用时,润滑油脂不仅可以建立有效的润滑油膜,而且可以将摩擦过程中产生的摩擦热迅速带出,始终保持摩擦副接触部位的相对低温。但在干摩擦过程中,摩擦部位只能通过摩擦副传导摩擦热,而摩擦热产生的速度快于摩擦热的传导速度造成摩擦热在摩擦副表面积累,导致摩擦副接触部位的表面温度迅速升高。这种不稳定的高温场使得固体润滑涂层的干摩擦过程更为复杂。

(1)高温将有可能导致润滑涂层的摩擦副材料结构变化,弱化材料性能,进而使得摩擦性能产生波动。摩擦热引起的高温 – 材料弱化 – 摩擦性能波动 – 摩擦热波动的反馈系统是造成摩擦性能动态波动的原因。

（2）高温往往造成摩擦副接触表面的氧化，严重的氧化、氧化磨损及脱落的氧化物作为磨粒对摩擦副形成二次磨损，将导致摩擦磨损性能的严重恶化。

（3）干摩擦条件下，摩擦热量与速度、接触应力之间呈幂函数关系，摩擦速度及载荷对摩擦副的表现行为更显著。

2. 干摩擦学特性的主要表征

对于干摩擦副，主要用磨损率、摩擦系数及其两者的稳定性来表征摩擦磨损特征。

1）磨损率

干摩擦的磨损性能由采用相同条件下的磨损量、磨损率或磨损失重表示。对于磨损率主要的表示方法有摩擦单位距离的磨损率、摩擦单位时间的磨损率、消耗单位摩擦能量的磨损率等。对连续摩擦试验，采用单位时间的磨损率。

2）摩擦系数

尽管摩擦系数的定义对摩擦学过程的描述有一定的局限性，但目前对摩擦系数仍采用摩擦力与接触正压力的比值来表示。随着检测手段的提高，在线动态检测使得摩擦系数的研究从平均摩擦系数向动态过程的瞬时摩擦系数过渡，使人们对摩擦过程的动态行为有了更深入的理解。

3）摩擦过程的稳定性

在摩擦过程中，摩擦系数和磨损率都会出现波动，波动程度可以采用稳定性来表征，如动态检测摩擦系数波动的幅度、频率可以反映摩擦学系统的稳定性。

3. 材料干摩擦试验方法

本摩擦试验采用干摩擦试验方法，按照 GB 12444.1—90《金属磨损试验方法 MM 型磨损试验标准》，在一定试验力及转速下对规定形状和尺寸的试样进行干摩擦，经规定转数或时间后，测定其磨损量及摩擦系数。

6.6.2 颗粒增强固体润滑涂层摩擦试验

1. Ni - MoS$_2$ 涂层摩擦

图 6.20 为 Ni - MoS$_2$ 涂层摩擦试验结果，当施以载荷压力 5kgf，转速为 200r/min，镍包二硫化钼涂层摩擦系数如图 6.20(a)所示，由图可知，在摩擦磨损初期(1000r ~ 4000r)，摩擦系数在 0.1 ~ 0.21 间，涂层的摩擦系数较小，可能原因是涂层表面处理中表面粗糙度较大，造成环块接触面较小，凸出的尖端和粉末粒子屈服变形，因此只需较小的剪切力即可切削掉运动方向的阻碍粒子，形成较低的摩擦系数；随摩擦时间加大，摩擦系数加大，可能是剪切掉突起部位后，环块间接触面积增大，接触部位粒子不易剪切，阻碍了环块间的相对运动，摩擦系数在达到一定值后趋于稳定，摩擦系数在 0.25 ~ 0.32 之间，可能原因是环块摩擦接触面经初期摩擦磨损，接触面变得光滑、稳定。

当施以载荷压力 10kgf，转速为 200r/min，Ni - MoS$_2$ 涂层摩擦系数如图

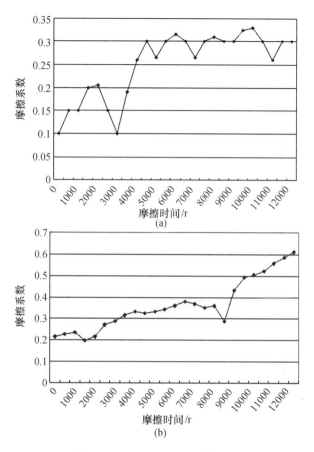

图 6.20 Ni – MoS₂ 涂层摩擦系数

（a）载荷 5kgf；（b）载荷 10kgf。

6.20（b）所示,由图可知,在摩擦磨损初期（1000r ~ 2000r）,摩擦系数在 0.2 ~
0.25 间,涂层的摩擦系数较小,可能原因是涂层表面处理后表面粗糙度较大,造
成环块接触面较小,形成较低的摩擦系数,而磨合时间较短,可能原因是在载荷
较大情况下,摩擦较为充分,在较短时间内磨合过程很快完成;随摩擦时间加大,
摩擦系数加大,并达到一定值后趋于稳定,摩擦系数在 0.3 ~ 0.38 间,可能原因
是环块摩擦接触面经初期摩擦磨损,接触面变得光滑、稳定;随着摩擦时间进一
步加大,涂层磨损加剧,涂层被破坏,环块间的摩擦变为环与基体材料的摩擦,摩
擦系数剧烈加大。

2. Ni – MoS₂ + 2wt% 纳米 SiC 涂层摩擦

图 6.21 为 Ni – MoS₂ + 2wt% 纳米 SiC 复合粉末涂层摩擦试验结果,当施以
载荷压力 5kgf,转速为 200r/min,复合粉末涂层摩擦系数如图 6.21（a）所示,由
图可知,在摩擦磨损初期（1000r ~ 2000r）,摩擦系数在 0.27 ~ 0.45 间,涂层的摩

擦系数逐渐加大,磨损面处于磨合期间,随后摩擦系数逐渐变小;随摩擦时间加大,摩擦系数又逐渐加大,并达到一定值后趋于稳定,摩擦系数在 0.34 ~ 0.38 间,可能原因是环块摩擦接触面经初期摩擦磨损,接触面变得光滑、稳定,而且涂层中加入的硬质纳米 SiC 粉末材料,具有较高的硬度和强度,在复合涂层中起到弥散强化作用,改善了环块间的相对作用。

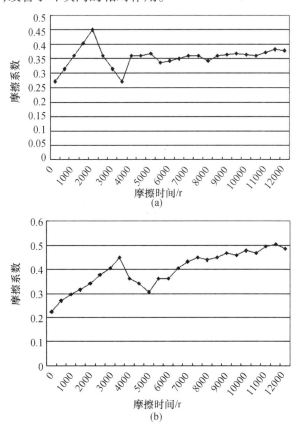

图 6. 21　Ni – MoS$_2$ + 2wt% 纳米 SiC 涂层摩擦系数

(a) 载荷 5kgf; (b) 载荷 10kgf。

当施以载荷压力 10kgf,转速为 200r/min,复合粉末涂层摩擦系数如图 6.21 (b)所示,由图可知,在摩擦磨损初期(1000r ~ 5000r),涂层处于磨合期,摩擦系数在 0.22 ~ 0.45 间,涂层的摩擦系数先增大后减小;随后复合涂层的摩擦系数在 0.4 ~ 0.5 间,对比图 6.20(b)可知,在高载荷情况下,纳米复合涂层对改善涂层质量,提高涂层的承载能力,抗磨损能力方面有一定的提高。

3. Ni – MoS$_2$ + 10wt% WC – 12Co 涂层摩擦

图 6.22 为 Ni – MoS$_2$ + 10wt% 微米 WC – 12Co 混合粉末涂层摩擦试验结果,当施以载荷压力 5kgf,转速为 200r/min,混合粉末涂层摩擦系数如图 6.22(a)所

示,由图可知,在摩擦磨损初期(1000r~2000r),摩擦系数在0.13~0.23间,磨损面处于磨合期间,随后摩擦系数逐渐变小;随摩擦时间加大,摩擦系数又逐渐加大,并达到一定值后趋于稳定,摩擦系数在0.3~0.34间,可能原因是环块摩擦接触面经初期摩擦磨损,接触面变得光滑、稳定,而且涂层中加入的硬质微米WC-12Co粉末材料,具有较高的硬度和强度,在复合涂层中起到弥散强化作用。

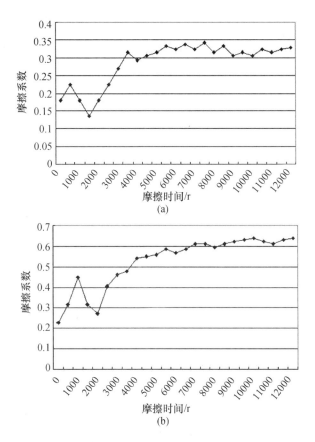

图6.22　Ni-MoS$_2$+10wt% WC-12Co涂层摩擦系数

(a)载荷5kgf;(b)载荷10kgf。

当施以载荷压力10kgf,转速为200r/min,混合粉末涂层摩擦系数如图6.22(b)所示,由图可知,在摩擦磨损初期(1000r~5000r),涂层处于磨合期,摩擦系数在0.22~0.45间,涂层的摩擦系数先增大后减小;随后复合涂层的摩擦系数逐步加大,在0.5~0.62间,对比图6.20(b)可知,在高载荷情况下,微米WC-12Co混合涂层对改善涂层质量,提高涂层的承载能力,和抗磨损能力方面有一定的提高。

4. Ni – MoS$_2$ + 10wt% NiCoCrAlY 涂层摩擦

图 6.23 为 Ni – MoS$_2$ + 10wt% NiCoCrAlY 微米混合粉末涂层摩擦试验结果,
当施以载荷压力 5kgf,转速为 200r/min,混合粉末涂层摩擦系数如图 6.23(a)所
示,由图可知,在摩擦磨损初期(1000r~2000r),摩擦系数在 0.10~0.22 间,磨
损面处于磨合期间,随后摩擦系数逐渐变小;随摩擦时间加大,摩擦系数又逐渐
加大,并达到一定值后趋于稳定,摩擦系数在 0.22~0.3 间,可能原因是环块摩
擦接触面经初期摩擦磨损,接触面变得光滑、稳定,而且涂层中加入的微米 NiC-
oCrAlY 粉末材料在复合涂层中起到弥散强化作用和粉末间的结合能力,改善了
复合涂层的质量。

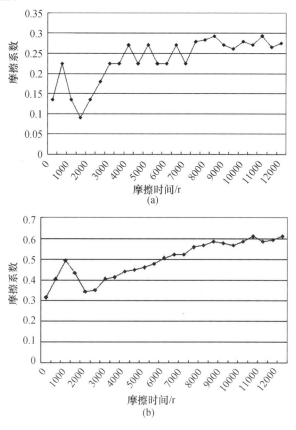

图 6.23 Ni – MoS$_2$ + 10wt% NiCoCrAlY 涂层摩擦系数

(a) 载荷 5kgf; (b) 载荷 10kgf。

当施以载荷压力 10kgf,转速为 200r/min,混合粉末涂层摩擦系数如图 6.23
(b)所示,由图可知,在摩擦磨损初期(1000r~2000r),涂层处于磨合期,摩擦系
数在 0.3~0.5 间,涂层的摩擦系数先增大后减小;随后复合涂层的摩擦系数逐
步加大,在 0.5~0.62 间,对比图 6.20(b)可知,在高载荷情况下,镍包二硫化钼

124

和 NiCoCrAlY 复合涂层对改善涂层质量,提高涂层的承载能力,和抗磨损能力方面有一定的提高。

6.6.3 干摩擦过程颗粒增强润滑涂层摩擦面磨损研究

1. Ni－MoS$_2$涂层摩擦面磨损

图 6.24 为 Ni－MoS$_2$涂层在不同载荷情况下,环块相对转动速度为 200r/min,经 12000r 后块试样镍包二硫化钼涂层摩擦面形貌。考虑到涂层的承载能力和减摩抗磨损能力,特别对镍包二硫化钼涂层增加较低载荷 1kgf 的摩擦磨损性能研究。

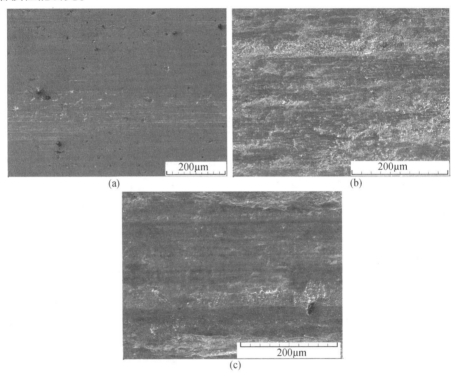

图 6.24　Ni－MoS$_2$涂层摩擦面形貌

(a) 载荷 1kgf;(b) 载荷 5kgf;(c) 载荷 10kgf。

图 6.24(a)为载荷 1kgf,涂层摩擦磨损后摩擦块的表面形貌,由图可知,在低载荷情况下,摩擦面磨损表现为:摩擦面干净、平整,沿摩擦方向有较为清晰的细划痕,可能是因为摩擦环面上细小的硬物质在摩擦过程中对润滑涂层的切削所造成;摩擦面上有一定数量的微小孔洞,可能是在喷涂过程中形成的孔隙,因为孔洞较小,比喷涂粉末粒子小,而且整个孔洞颜色较暗,没有明显的疲劳磨损所表现的亮度较高的特征。图 6.24(b)为载荷 5kgf,涂层摩擦磨损后摩擦块的

表面形貌,由图可知,沿摩擦运动方向摩擦面有犁沟,可能是摩擦副切削所造成;在犁沟位置有较多细小的磨粒,这可能是在摩擦磨损过程中,被磨损的润滑涂层材料附着在犁沟位置,同时起到润滑作用。

图6.24(c)为载荷10kgf,涂层摩擦磨损后摩擦块的表面形貌,由图可知,被磨损表面局部光滑、完整,这是因为涂层已被破坏,所观察到的完整表面是基体45钢材料,而沿摩擦运动方向摩擦面有犁沟,可能是摩擦副切削所造成;在犁沟位置有较多细小的磨粒,这可能是在摩擦磨损过程中,被磨损的润滑涂层材料附着在犁沟位置,同时起到润滑作用;在图的下部有一道较为明显的剥蚀坑,这是在较大载荷情况下,涂层中喷涂粒子材料在反复的疲劳磨损下整块材料被剥离。

2. Ni – MoS$_2$ +2wt% 纳米 SiC 涂层摩擦面磨损

图6.25 为 Ni – MoS$_2$ +2wt% 纳米 SiC 复合涂层在不同载荷情况下,环块相对转动速度为200r/min,经12000r 后块试样镍包二硫化钼涂层摩擦面形貌。图6.25(a)为载荷5kgf,涂层摩擦磨损后摩擦块的表面形貌,由图可知,在低载荷情况下,摩擦面磨损表现为:摩擦面干净、平整,沿摩擦方向有较为清晰的细划痕,可能是因为摩擦环面上细小的硬物质在摩擦过程中对润滑涂层的切削所造成;摩擦面上有一定数量的微小孔洞,可能是粒子沉积过程中形成的孔隙,因为孔洞比喷涂粉末粒子小,而且整个孔洞颜色较暗,没有明显的疲劳磨损所表现的亮度较高的特征。

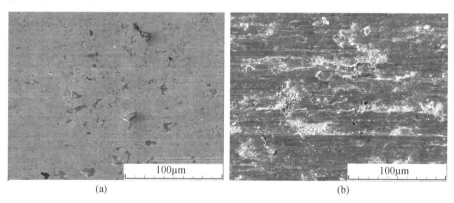

(a)　　　　　　　　　　　　　　　　(b)

图6.25　Ni – MoS$_2$ +2wt% 纳米 SiC 涂层摩擦面形貌

(a) 载荷5kgf; (b) 载荷10kgf。

图6.25(b)为载荷10kgf,涂层摩擦磨损后摩擦块的表面形貌,由图可知,沿摩擦运动方向摩擦面有犁沟,可能是摩擦副切削所造成;同时在图中有部分剥蚀坑,这是因为在孔洞周围有亮度较高的疲劳磨损特征,在反复的疲劳磨损下部分复合粉末材料被剥离,对比图6.24(c)可知,纳米复合粉末材料涂层在承载和高载荷情况下的耐磨损性能有了很大的提高。

3. $Ni-MoS_2+10wt\%WC-12Co$ 涂层摩擦面磨损

图 6.26 为镍包二硫化钼与 $WC-12Co$ 混合涂层在 5kgf 载荷情况下,环块相对转动速度为 200r/min,经 12000 r 后块试样复合涂层摩擦面形貌。图 6.26 (a) 为载荷 5kgf,涂层摩擦磨损后摩擦块的表面形貌。而图 6.26(b) 是图 6.26 (a) 的背散射扫描电镜图谱,图中高亮点为重金属 Co,由图可知,$WC-12Co$ 分散均匀,几乎没有出现团聚现象,充分发挥了硬质颗粒材料对涂层的强化作用。

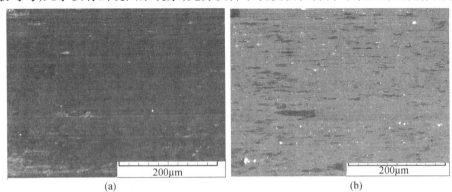

图 6.26　$Ni-MoS_2+10wt\%WC-12Co$ 涂层在 5kgf 载荷摩擦面形貌

(a) 载荷 5kgf;(b) 载荷 5kgf。

图 6.27(a) 为载荷 10kgf 下,镍包二硫化钼与 $WC-12Co$ 混合涂层摩擦磨损后摩擦块的表面形貌,由图可知,沿摩擦运动方向摩擦面有犁沟,是摩擦副切削所造成;同时在图中有部分剥蚀坑,这是因为在反复的疲劳磨损下部分复合粉末材料被剥离,对比图 6.24(c) 可知,高硬度复合粉末材料涂层在承载和高载荷情况下的耐磨损性能有了很大的提高。图 6.27(b) 是图 6.27(a) 的背散射电镜图谱,图中 $WC-12Co$ 分散也较为均匀,但对比图 6.26(b),可以看出,剥蚀坑附近有较大颗粒的 $WC-12Co$ 粉末存在,可能原因是摩擦副在摩擦磨损过程中,被磨

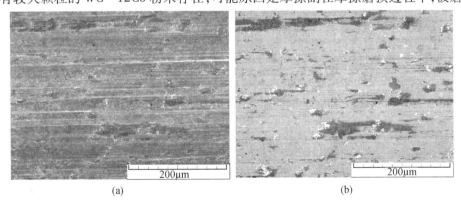

图 6.27　$Ni-MoS_2+10wt\%WC-12Co$ 涂层在 10kgf 载荷摩擦面形貌

损的粉末粒子发生了转移,在低注位置也即剥蚀坑处积聚,形成高亮度颗粒充填剥蚀坑现象。

4. Ni－MoS$_2$＋10wt% NiCrCoAlY 涂层摩擦面磨损

图 6.28(a)为镍包二硫化钼与 NiCrCoAlY 复合涂层在 5kgf 载荷情况下,环块相对转速为 200r/min,经 12000 r 后块试样复合涂层摩擦面形貌。图 6.28(b)为载荷 10kgf,涂层摩擦磨损后摩擦块的表面形貌,由图可知,沿摩擦运动方向摩擦面有犁沟,可能是摩擦副切削所造成;同时在图中有部分剥蚀坑,这是因为在反复的疲劳磨损下部分复合粉末材料被剥离,对比图 6.22(c)可知,高硬度复合粉末材料涂层在承载和高载荷情况下的耐磨损性能有了很大的提高。

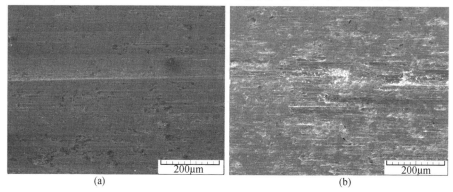

(a) (b)

图 6.28　Ni－MoS$_2$＋10wt% NiCoCrAlY 涂层摩擦面形貌

(a)载荷 5kgf;(b)载荷 10kgf。

6.7　固体润滑涂层磨损研究

试验中利用 HANGPING 公司的 FA2104 电子天平对涂层摩擦磨损前后的质量进行了测试,涂层以 200r/min 转速经过 60min 环块干摩擦过程,试验测量值如表 6.4 所列。由表可知,表中相同材料涂层同时制备,所以磨损前质量较为接近;而不同涂层质量有一定差异,主要是不同材料的沉积效率有区别。

表 6.4　固体润滑涂层磨损量

涂 层	摩擦磨损载 荷	磨损前质量/g	磨损后质量/g	磨损量/g
Ni－MoS$_2$	5kgf	10.306	10.2804	0.0256
	10kgf	10.3062	10.187	0.1192
Ni－MoS$_2$＋2wt% SiC	5kgf	10.1943	10.1747	0.0196
	10kgf	10.1918	10.1646	0.0272

涂层	摩擦磨损载荷	磨损前质量/g	磨损后质量/g	磨损量/g
Ni－MoS₂＋10wt% WC－12Co	5kgf	10.481	10.4774	0.0036
	10kgf	10.5226	10.4394	0.0832
Ni－MoS₂＋10wt% NiCrCoAlY	5kgf	10.4871	10.4855	0.0016
	10kgf	10.5123	10.4961	0.0162

图 6.29 为涂层磨损量柱状图,为便于观察和评价,将不同载荷情况下不同涂层的磨损量绘制成柱状图,其中系列 1、2 分别为 5kgf、10kgf 载荷情况下的磨损量,而柱状图横坐标的标号 1、2、3、4 分别代表 Ni－MoS₂、Ni－MoS₂＋2wt% SiC、Ni－MoS₂＋10wt% WC－12Co、Ni－MoS₂＋10wt% NiCrCoAlY 涂层。

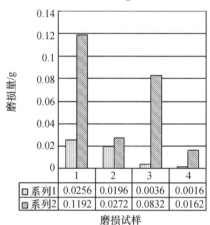

	1	2	3	4
系列1	0.0256	0.0196	0.0036	0.0016
系列2	0.1192	0.0272	0.0832	0.0162

图 6.29　固体润滑涂层磨损量柱状图

由试验结果可知,涂层的磨损量表现为随磨损载荷的加大而加大,但磨损量并非随磨损载荷的比例而呈相应简单的比例关系,而随各涂层的微结构特征表现出差异性。

磨损载荷的差异对 Ni－MoS₂＋2wt% SiC 涂层的磨损量影响较小,而其余各涂层的磨损量在不同载荷情况下,随磨损载荷的加大,涂层磨损量迅速加大,可能是因为随摩擦载荷的加大,摩擦热迅速积聚并增加,基体及摩擦面温度迅速提高,降低了涂层的结构强度及涂层内部微粒间的结合强度,使得磨损加剧。

6.7.1　5kgf 载荷下涂层磨损特征

载荷为 5kgf 时,涂层 Ni－MoS₂＋10wt% NiCrCoAlY、Ni－MoS₂＋10wt% WC－12Co、Ni－MoS₂＋2wt% SiC、Ni－MoS₂ 的磨损量逐步加大,分别为 0.0016g、0.0036g、0.0196g、0.0256g。

由图 6.29 可以看出,5kgf 载荷情况下,超音速火焰喷涂 Ni－MoS₂ 涂层的磨损量最大,Ni－MoS₂＋2wt% SiC、Ni－MoS₂＋10wt% WC－12Co 涂层其次,而

$Ni - MoS_2 + 10wt\%$ $NiCrCoAlY$ 涂层最小,说明颗粒增强复合粉末涂层能改善涂层的组织结构,提高涂层抗磨损性能。

6.7.2 10kgf 载荷下涂层磨损特征

载荷为 10kgf 时,涂层 $Ni - MoS_2 + 10wt\% NiCrCoAlY$、$Ni - MoS_2 + 2wt\% SiC$、$Ni - MoS_2 + 10wt\% WC - 12Co$、$Ni - MoS_2$ 的磨损量逐步加大,分别为 0.0162g、0.0272g、0.0832g、0.1192g。

由图 6.29 可以看出,10kgf 载荷情况下,超音速火焰喷涂 $Ni - MoS_2$ 涂层的磨损量最大达到 0.1192g,$Ni - MoS_2 + 10wt\% WC - 12Co$、$Ni - MoS_2 + 2wt\% SiC$ 涂层其次,而 $Ni - MoS_2 + 10wt\% NiCrCoAlY$ 涂层最小,表明:$Ni - MoS_2 + 10wt\%$ $WC - 12Co$ 涂层改善了涂层内部的结构和抗磨损能力,磨损量为 0.0832g;$Ni - MoS_2 + 2wt\% SiC$ 涂层中纳米 SiC 粉末粒子有效改善了粉末粒子间的结合能力,提高了涂层的抗磨损性能,磨损量为 0.0272g;而 $Ni - MoS_2 + 10wt\% NiCrCoAlY$ 涂层的磨损量 0.0162g,为 $Ni - MoS_2$ 涂层的 1/16,表明在大载荷情况下,涂层结构得到很好的改善,显著提高了涂层的抗磨损能力。

6.8 复合固体润滑涂层磨屑的研究及分形处理

磨损状态监测一直是摩擦学领域的研究重点,但因影响磨损的因素较多,很难用常规数学模型预测磨损状况,在摩擦过程中所产生的磨粒形态复杂,特征隐含性强,磨粒群体中单个磨粒的出现及分布具有很强的不确定性。分形理论可透过复杂的混乱现象和不规则形态,揭示其隐藏在背后的规律以及局部和整体的本质联系,这为研究摩擦学的分形行为提供了新的数学方法,由于摩擦过程中产生的磨粒存在分形特征,磨损表面也存在分形特征。本节利用分形理论对磨屑的分布情况进行定量分析,研究涂层磨损过程特征。

6.8.1 磨屑的分形

磨损中磨粒外形轮廓复杂且不规则,随着摩擦过程磨粒形貌也发生很大的变化,而磨粒的特征与磨损过程有直接联系,扫描电镜只能对磨屑进行定性的分析,而分形维数则可以从定量出发,发现磨屑的大小颗粒分布情况。分形几何作为处理复杂现象的工具为摩擦学研究开辟了新途径,研究表明,磨粒的边缘轮廓具有分形特征。

1. 磨屑形貌的表征参数

磨屑的几何特征主要包括大小、外形、表面积等,其中磨屑的大小最为重要。表征磨屑尺寸的参数是粒度及分布特性,它决定着磨损率的高低。

1）单磨屑的粒径

实际的磨屑形状不一、大小不等,采用"演算直径"来表示不规则磨屑的粒径,所谓"演算直径"是通过测定某些与磨屑大小有关的形状参数,推导线性量纲参数,常用轴径和圆当量径。

2）磨屑群体的平均粒度

对磨屑群大小的描述,常用平均粒度的概念,可用统计数学方法来求,即将磨屑群划分为若干窄级别的粒级,设该级别的磨屑个数为 n 或占总质量比为 W,再用加权平均法计算得到磨屑群体的平均粒度。

3）磨屑的形状

磨屑的形状是指磨屑的轮廓边界或表面图形,通常可用定性和定量分析两种。定性分析磨屑形状通常用一些术语,如球形、椭圆形、多角形、不规则体、粒状体、片状体、枝状体等。而定量分析磨屑形状参数主要有纵横比、形状参数、凸度、伸张度、卷曲度和圆度等。

2. 磨屑的分布特征

磨屑群体的平均粒度是表征磨屑体系的重要几何参数,但提供的粒度信息有限,如果能够得到每个粒度的磨屑数量,就能较准确地了解磨屑特性。

1）磨屑的粒度分布

磨屑形状大小具有随机性,若以粒径 r 为参考,粒度小于 r 的所有磨屑颗粒数之和称为频度,一般频度分布可以用指数函数表达。

2）磨屑的统计分布

从统计角度出发,磨屑在尺寸上具有统计分布规律。

3）磨屑的分形分布

由离散体构成的分形,分布数量与离散体尺寸之间具有标度率关系,D. L. Turcotte 总结各种破碎过程中的碎片数量与尺寸的关系,它与分形维数的联系如下式:

$$N(r) = Cr^{-D} \tag{6.6}$$

式中　$N(r)$——特征尺寸大于 r 的离散体数目;

　　　C——比例常数;

　　　D——分形维数。

对于摩擦过程的磨屑群体,其大小分布具有下式的分形规律:

$$N(\delta) = c\delta^{-D} \tag{6.7}$$

式中　δ——磨屑粒径;

　　　$N(\delta)$——粒径大于 δ 的磨屑数目;

　　　c——比例常数;

　　　D——磨屑尺寸分布的分形维数。

对上式取对数:

$$\ln N(\delta) = -D\ln\delta + c \qquad (6.8)$$

6.8.2 干摩擦过程颗粒增强固体润滑涂层磨屑研究

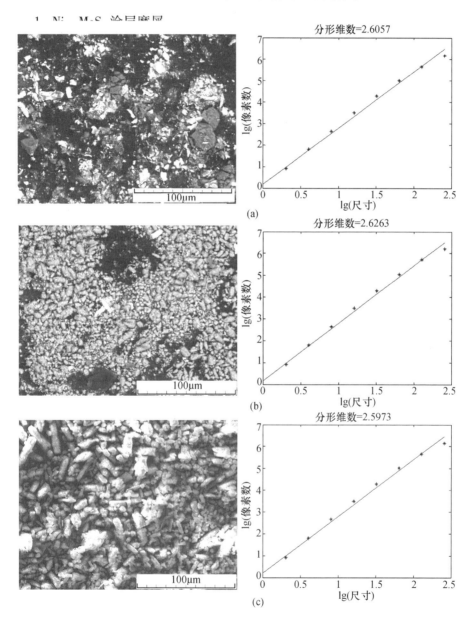

图 6.30　5kgf 载荷 Ni - MoS$_2$ 涂层磨粒形貌
(a) 1000r; (b) 2000r; (c) 4000r。

图 6.30 是镍包二硫化钼涂层在 5kgf 载荷摩擦过程中不同时期的磨损磨粒图,图 6.30(a)是摩擦磨损过程中 1000r 时收集的磨粒,由图可知,磨粒不均匀、磨粒粒度较大,可能原因如上分析,摩擦磨损初期,环块接触面存在一定的粗糙度,接触面较小,而分配在接触部分的压力较大,突起的涂层粒子承受较大的载荷而屈服,在剪切力的作用下,突起的涂层粒子被剪切,镍包二硫化钼涂层的磨损较为严重;图 6.30(b)为试验到 2000r 时收集的磨粒,图中磨粒均匀,磨粒粒度明显变小,表明经过一定时间的磨损,环块接触面变得光滑,接触面受力均匀;图 6.30(c)为试验到 4000r 时收集的磨粒,图中磨粒粒度增大,但分布较为均匀,这可能是因为磨屑在磨合过程中,磨屑在磨损面积聚,磨屑发生了团聚,粒子逐步加大。

图 6.30 中利用分形技术对扫描电镜的粒度分布进行了研究,1000r 时收集的磨屑分形维数为 2.6057,而 2000r 时为 2.6263,4000r 时为 2.5973,计算结果表明,磨屑的分形维数先变大后变小,这表明磨屑中大颗粒的比例先减小后变大,这符合磨合过程的基本规律。

图 6.31 是镍包二硫化钼涂层在 10kgf 载荷摩擦过程中不同时期的磨损磨粒图,图 6.31(a)是摩擦磨损过程中 1000r 时收集的磨粒,由图可知,磨粒不均匀、磨粒粒度较大,可能原因是,摩擦磨损初期,环块接触面存在一定的粗糙度,接触面较小,而分配在接触部分的压力较大,对镍包二硫化钼涂层的磨损较为严重;图 6.31(b)为试验到 2000r 时收集的磨粒,图中磨粒变得较为均匀,表明经过一定时间的磨损,环块接触面变得光滑,接触面受力均匀;图 6.31(c)为试验到 4000r 时收集的磨粒,图中磨粒均匀,磨粒粒度变大,表明经过一定时间的磨损,磨屑在摩擦过程中发生积聚。

图 6.31 中利用分形技术对扫描电镜的粒度分布进行了研究,1000r 时收集的磨屑分形维数为 2.606,而 2000r 时为 2.6576,4000r 时为 2.5458,计算结果表明,磨屑的分形维数先变大后变小,这表明磨屑中大颗粒的比例先减小后变大,这符合磨合过程的基本规律。

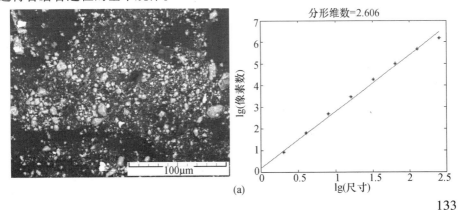

(a)

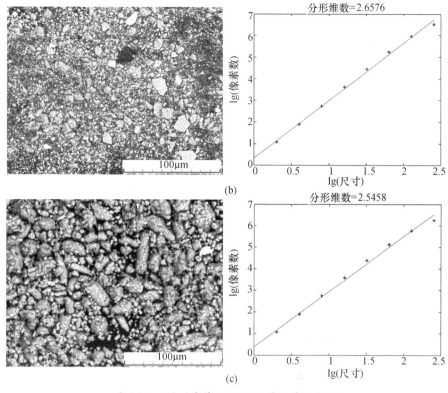
(b)

(c)

图 6.31　10kgf 载荷 Ni－MoS$_2$ 涂层磨粒形貌

（a）1000r；（b）2000r；（c）4000r。

2. Ni－MoS$_2$＋2wt% 纳米 SiC 涂层磨屑

图 6.32 是镍包二硫化钼与 SiC 混合润滑涂层在 5kgf 载荷摩擦过程中不同时期的磨损磨粒图，由图可知，复合润滑涂层的磨屑磨粒较为均匀，磨屑粒度较小，主要呈球形分布，这说明纳米 SiC 粉末粒子在涂层制备中有效地提高了涂层承载能力，纳米粒子均匀地弥散在涂层中，改善了涂层粒子间的结合，在低载荷磨合过程中形成粒度较小的磨屑。

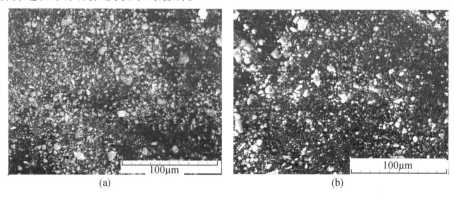
(a)　　　　　　　　　　　　　　　(b)

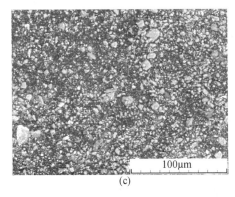

(c)

图 6.32   5kgf 载荷 Ni − MoS$_2$ + 2wt% 纳米 SiC 涂层磨粒形貌
(a) 1000r；(b) 2000r；(c) 4000r。

图 6.33 是镍包二硫化钼与纳米 SiC 复合润滑涂层在 10kgf 载荷摩擦过程中不同时期的磨损磨粒图,由图可知,复合润滑涂层的磨屑磨粒比 5kgf 载荷时的粒度普遍要大,表明大载荷情况下,被磨损的磨屑变大,同时观察到:扫描电镜图

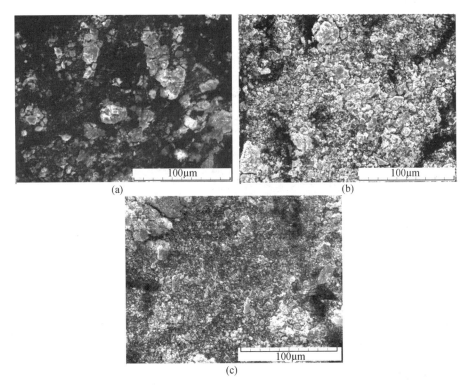

图 6.33   10kgf 载荷 Ni − MoS$_2$ + 2wt% 纳米 SiC 涂层磨粒形貌
(a) 1000r；(b) 2000r；(c) 4000r。

谱中大磨屑较为疏松,大颗粒由较小磨屑积聚而成,表明磨损过程中,被磨损的主要是小颗粒,而小颗粒表面增大,表面能提高,表面间作用力影响了磨屑的分布,磨屑积聚成松散的絮状分布。

3. Ni – MoS₂ + 10wt% WC – 12Co 涂层磨屑

图 6.34 是镍包二硫化钼与 WC – 12Co 复合润滑涂层在 5kgf 载荷摩擦磨合过程中不同时期的磨损磨屑图,由图可知,复合润滑涂层的磨屑磨粒较为均匀,磨屑粒度较小,其中大磨屑呈多角形,而小颗粒呈球形、椭圆形。

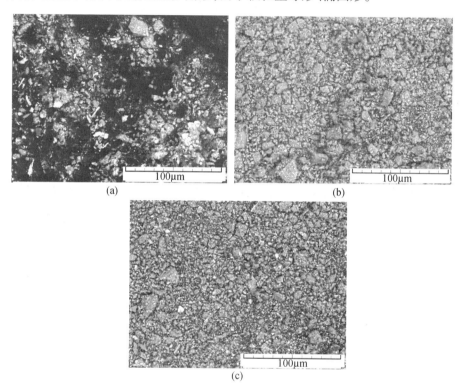

图 6.34 5kgf 载荷 Ni – MoS₂ + 10wt% WC – 12Co 涂层磨粒形貌
(a) 1000r; (b) 2000r; (c) 4000r。

图 6.35 是镍包二硫化钼与 WC – 12Co 复合润滑涂层在 10kgf 载荷摩擦磨合过程中不同时期的磨损磨屑图,由图可知,复合润滑涂层的磨屑磨粒差异较大,但大颗粒含量较少,主要是以小颗粒所占比例较大,其中大磨屑呈多角形,而小颗粒呈球形、椭圆形。相对 5kgf 载荷摩擦磨合过程中的磨屑而言,大载荷情况下的磨屑粒子分布要更为分散,大颗粒磨屑粒子所占比重增大,表明涂层承受大载荷磨损情况下,涂层内部分结合较差的粉末受剪切作用而被"拔出",而结合较好的粉末被逐层切屑。

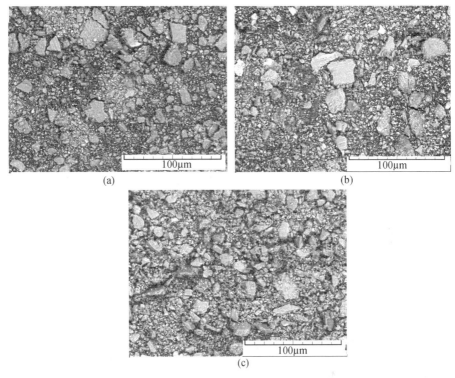

图 6.35　10kgf 载荷 Ni – MoS$_2$ + 10wt% WC – 12Co 涂层磨粒形貌

(a) 1000r；(b) 2000r；(c) 4000r。

4. Ni – MoS$_2$ + 10wt% NiCoCrAlY 涂层磨屑

图 6.36 是镍包二硫化钼与 NiCrCoAlY 复合润滑涂层在 5kgf 载荷摩擦磨合过程中不同时期的磨损磨屑图,由图可知,磨屑粒子在磨损初期,磨屑粒度较为分散,粒子呈多边形,部分颗粒较大,随摩擦过程到 2000r 时磨屑粒度变小,磨屑逐步变小并呈球形和椭球形分布,在 4000r 时磨屑积聚于摩擦副间,随小颗粒表面能的增大,磨屑积聚成圆柱、圆锥体形状,积聚的磨屑粒子在摩擦副间起到"滚珠"的作用,实现了摩擦副间的润滑。

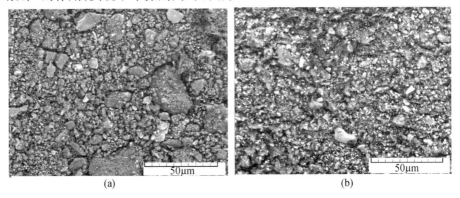

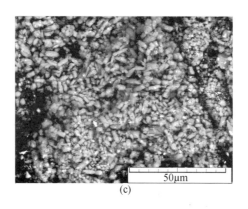

(c)

图 6.36 5kgf 载荷 Ni – MoS2 + 10wt% NiCoCrAlY 涂层磨粒形貌

(a) 1000r；(b) 2000r；(c) 4000r。

图 6.37 是镍包二硫化钼与 NiCrCoAlY 复合润滑涂层在 10kgf 载荷摩擦磨合过程中不同时期的磨损磨屑图,由图可知,磨屑粒子在磨损初期,磨屑粒度较为分散,粒子呈多边形,但大颗粒磨屑所占比例较小,表明 NiCrCoAlY 的加入,改善

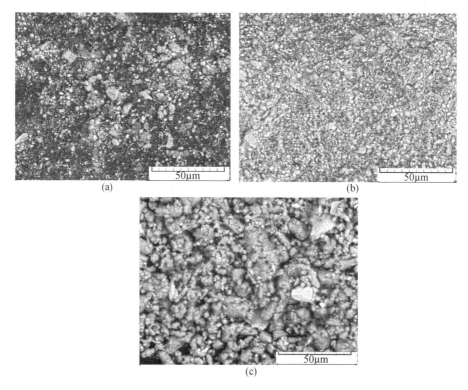

图 6.37   10kgf 载荷 Ni – MoS$_2$ + 10wt% NiCoCrAlY 涂层磨粒形貌

(a) 1000r；(b) 2000r；(c) 4000r。

了大载荷工况下涂层的内部结构,提高了涂层内部粉末粒子间的结合能力,减小了涂层中粒子被剥离和拔出的概率;随摩擦磨损到2000r时磨屑粒度稍有变小,可能原因是:经过初步的表面磨损,涂层表面变得光滑、平整,载荷被均匀分布于接触面,粉末被均匀的剪切,而早期的磨损大颗粒在摩擦副间反复碾压破碎成小颗粒;在摩擦磨损到4000r时磨屑粒子在摩擦副间不断积聚,并在不断增大的表面能的作用下积聚成圆柱、圆锥体形状,改善了摩擦副间的接触,磨屑起到"滚珠"作用,减少了摩擦副之间的直接接触。

5. 磨屑的分形处理

不同材料具有不同的硬度、密度、粒度,为增强磨屑分形处理的科学性,在对磨屑进行分形处理时,选取了同一材料涂层在不同载荷下收集的磨屑,并在同样比例的扫描电镜图谱情况下进行处理。

图6.38为镍包二硫化钼与SiC复合涂层摩擦过程磨粒扫描电镜的分形结果,两者都是采用同样比例的扫描电镜图谱。由图可知,5kgf载荷摩擦磨损时磨合过程磨屑的分形维数较为均匀,表明5kgf载荷磨合过程磨屑尺寸分布更为均匀,而大载荷下涂层的磨损剧烈。

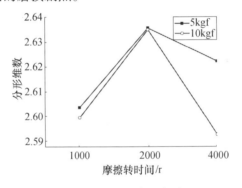

图 6.38　Ni－MoS$_2$ 涂层磨屑分形

图6.39为镍包二硫化钼与SiC复合涂层摩擦过程磨粒扫描电镜的分形结果。由图可知,5kgf载荷下,1000r时收集的磨屑分形维数为2.6035,而2000r时为2.6356,4000r时为2.6221,结果表明,磨屑的分形维数先变大后变小,这表明磨屑中大颗粒的比例先减小后变大;10kgf载荷时,1000r时收集的磨屑分形维数为2.5994,而2000r时为2.6349,4000r时为2.5925,磨屑的分形维数先变大后变小,这表明磨屑中大颗粒的比例先减小后变大,这符合磨合过程的基本规律;比较两条曲线可知,在较低载荷5kgf载荷摩擦磨损时磨合过程磨屑更为均匀。

图6.40为 Ni－MoS$_2$＋10wt% WC－12Co 涂层磨屑分形结果,由图可知,5kgf载荷下,1000r时收集的磨屑分形维数为2.6038,而2000r时为2.6325,4000r时为2.6169,计算结果表明,磨屑的分形维数先变大后变小,这表明磨屑

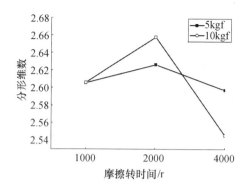

图 6.39　Ni – MoS_2 + 2wt% SiC 涂层磨屑分形

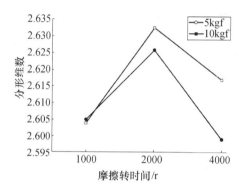

图 6.40　Ni – MoS_2 + 10wt% WC – 12Co 涂层磨屑分形

中大颗粒的比例先减小后变大,这符合磨合过程的基本规律;图中利用分形技术对 10kgf 载荷下扫描电镜的磨屑粒度分布进行了研究,1000r 时收集的磨屑分形维数为 2.6049,而 2000r 时为 2.6258,4000r 时为 2.599,计算结果表明,磨屑的分形维数先变大后变小,这表明磨屑中大颗粒的比例先减小后变大。

图 6.41 为 Ni – MoS2 + 10wt% NiCoCrAlY 涂层磨屑分形结果,1000r 时收集

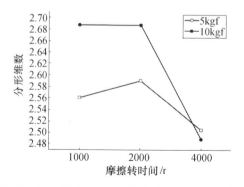

图 6.41　Ni – MoS_2 + 10wt% NiCoCrAlY 涂层磨屑分形

的磨屑分形维数为 2.5605,而 2000r 时为 2.5899,4000r 时为 2.5045,计算结果表明,磨屑的分形维数在磨损初期变化不大,但随后变小,这基本符合磨合过程的基本规律。图中利用分形技术对扫描电镜的粒度分布进行了研究,1000r 时收集的磨屑分形维数为 2.6866,而 2000r 时为 2.6862,4000r 时为 2.4885,计算结果表明,磨屑的分形维数在磨损初期变化不大,但随后变小。

6.9 小 结

本章制备了系列不同配方的固体润滑复合粉末材料,对系列固体润滑涂层进行了硬度测试、结合强度测试,并对润滑涂层的断裂机理、特性进行了研究。

(1) 成功制备了 Ni – MoS$_2$、Ni – MoS$_2$ + 2wt% SiC 团聚复合粉末、Ni – MoS$_2$ + 10wt% NiCoCrAlY 混合粉末、Ni – MoS$_2$ + 10wt% WC – 12Co 混合粉末固体润滑涂层系列,通过扫描电镜和 X 射线衍射试验表明,涂层致密,涂层内粉末粒子外层呈熔融状,涂层内孔隙较小、孔隙率低。

(2) 在超音速火焰喷涂制备的润滑涂层中,Ni – MoS$_2$ 润滑涂层的洛氏硬度最小为 94.5HRB,而 Ni – MoS$_2$ + 10wt% NiCrCoAlY、Ni – MoS$_2$ + 10wt% WC – 12Co、Ni – MoS$_2$ + 2wt% SiC 涂层洛氏硬度逐步增大,分别为 98.03HRB、99.6HRB、101.7HRB,其中以添加纳米硬质材料粉末 SiC 涂层的硬度增加最大。

(3) 添加纳米 SiC 粉末的涂层有效地改善了固体润滑涂层的微观结构,提高了喷涂粉末颗粒间的结合强度,使得添加纳米 SiC 的固体润滑复合粉末涂层的拉伸结合强度达到 29.748MPa,明显优于 Ni – MoS$_2$ 固体润滑涂层的结合强度 13.679MPa。

(4) 添加硬质粉末粒子 WC – 12Co 的涂层提高了涂层中粒子界面强度,而添加 NiCrCoAlY 粉末的涂层提高了涂层内粒子间的粘结能力,两种复合粉末润滑涂层的拉伸结合强度都得到了很好的提高。

(5) 颗粒增强固体润滑涂层在较小载荷 5kgf 时固体润滑涂层的摩擦系数较小,而在较大载荷 10kgf 时摩擦系数变大,其中镍包二硫化钼涂层摩擦实验后期发生失效。

(6) 在 5kgf 载荷情况下各颗粒增强复合粉末固体润滑涂层的摩擦系数较镍包二硫化钼涂层更为稳定,相对而言,Ni – MoS$_2$ + 10wt% NiCoCrAlY 微米复合粉末涂层的摩擦系数有所降低,而 Ni – MoS$_2$ + 2wt% SiC 复合粉末涂层的摩擦系数有提高;在 10kgf 载荷情况下各颗粒增强复合粉末固体润滑涂层的摩擦系数较镍包二硫化钼涂层更为稳定,波动更小,其中 Ni – MoS$_2$ + 2wt% SiC 复合粉末涂层的摩擦系数最小,表明了颗粒增强的涂层在大载荷情况下改善了涂层的摩擦磨损性能。

(7) 在磨损的初期阶段,摩擦表面间只有少数突出峰相互接触,真实接触面积小而接触应力大,峰点容易达到屈服极限而发生塑性变形,甚至在微切削作用下剥落,磨屑粒度分散,分形维数较小;而随着尖锐的峰顶被磨平、切除,摩擦表面趋于光滑,由于摩擦副的碾压,磨屑细化、均匀,磨屑分形维数随试验时间的延长而呈现增大趋势;随着摩擦表面轮廓趋于光滑,承受应力的面积越来越大,磨损过程趋于平稳,但磨屑在增大的表面能作用下发生积聚,磨屑变大,此时磨屑分形维数减小。

(8)超音速火焰喷涂所制备的涂层中,颗粒增强涂层的减摩抗磨性能提高,其中添加的 SiC 纳米粉末增强涂层减摩抗磨性能表现最好,磨屑均匀,且磨屑尺寸更小,表明纳米粉末对涂层的微结构具有更好的强化和优化作用。

参 考 文 献

[1] 周仲荣,雷源忠,张嗣伟.摩擦学发展前沿[M].北京:科学出版社,2007,48-61.

[2] 范广能,Fe-Cu-C-WC 烧结合金摩擦磨损性能研究[J].机械工程材料,1998,22(4):41-43.

[3] 韩杰胜,王静波,张树伟,等.Fe-Mo-CaF$_2$ 高温自润滑材料的摩擦学性能研究[J].摩擦学学报,2003,23(4):306-310.

[4] 袁晓静,王汉功,侯根良,等.热喷涂纳米 SiC/LBS 涂层吸波性能研究[J].中国有色金属学报,2009,12:2198-2204.

[5] Kim H, Seo M, Song J. Effect of Particle Size and Masson Nano to Micron Particle Agglomeration, SICE Annual Conference in Sapporo[C]. August 4-6,2004, Hokkaido Institute of Tecnology, Japan,1923-1926.

[6] Kai X. Hu, Chao-Pin Yeh, Karl W Wyatt. lectro-Thermo-Mechanical Responses of Conductive Adhesive Materials, IEEE TRANSACTIONS ON COMPONENTS[C]. PACKAGING, AND MANUFACTURING TECHNOLOGY-PART A, VOL. 20, NO. 4, DECEMBER 1997,470-477.

[7] 肖军,张秋禹,李铁虎,等.发射装置导轨用 MoS$_2$ 润滑防护干膜的热成膜工艺研究[J].西北工业大学学报,2004,22(3):304-308.

[8] BORSELLA E, BOTTI S, CESILE M C, et al. MoS$_2$ nanoparticles produced by laser induced synthesis from gaseous precursors, JOURNAL OF MATERIALS SCIENCE LETTERS[J]. 2001,20:187-191.

[9] 梁宏勋,吕晋军,刘维民,等.Y-TZ PMoS$_2$ 自润滑材料的制备与研究[J].无机材料学报,2004,19(1):207-213.

[10] 徐维普,徐滨士,张伟,等.增强相对高速电弧喷涂 Fe-Al 涂层性能的影响[J].上海交通大学学报,2005,39(1):36-40.

[11] 包丹丹,程先华.稀土处理炭纤维填充聚四氟乙烯复合材料在干摩擦条件下的摩擦磨损性能研究[J].摩擦学学报,2006,26(2):136-140.

[12] 张长森.粉体技术及设备[M].上海:华东理工大学出版社,2007,17-19.

[13] 陶珍乐,郑少华.粉体工程与设备[M].北京:化学工业出版社,2003.

[14] 谢洪勇.粉体力学与工程[M].北京:化学工业出版社,2003.

[15] 江礼,袁晓静,查柏林,等.等离子喷涂纳米莫来石基复合吸波涂层性能研究[J].无机材料学报,2008,23(6):1272-1276.

[16] Lima R S, Marple B R. Nanostructured and conventional titania coatings for abrasion and slurry-erosion

resistance sprayed via APS, VPS and HVOF,itsc2005[C],552 –557.

[17] Ding Z,Zhang Y, Zhao H. Resistance of HVOF Nanostructured WC – 12Co Coatings to Cavitation Erosion [C]. Thermal Spray 2007,633 –637.

[18] 刘光华.稀土材料与应用技术[M].北京:化学工业出版社,2005:74 –85.

[19] Zha Bai – Lin, Li Jiang, Yuan Xiao – Jing, et al. Microstructure and Tribological Performance of HVOF sprayed Nickel coated MoS_2 Coatings,Proceedings of the 4th Asian Thermal Spray Conference[C]. October 22 –24, 2009, Xi'an, China,192 –195.

[20] Wielage B, Wank A, Pokhmurska H,et al. Correlation of microstructure with abrasion and oscillating wear resistance of thermal spray coatings,itsc2005[C], 868 –874

[21] Nohava J, Prague/CZ, Enzl R,et al. Fractographic approach to wear mechanisms of selected thermally sprayed coatings, itsc2005[C], 875 –880.

[22] 南策文.非均匀材料物理[M].北京:科学出版社,2005.

[23] 徐维普,徐滨士,张伟,等.增强相对高速电弧喷涂 Fe – Al 涂层性能的影响[J].上海交通大学学报, 2005,39(1),36 –40.

[24] 许金泉.界面力学[M].北京:科学出版社,2006.

[25] RAletz F, Ezo'o G, LORIUS Longwy/F. Characterization of cold – sprayed nickel – base coatings[C]. 2004, ITSC2004,51 –54.

[26] 张立勇,王孟君,刘心宇,等.WC 含量对弥散强化铜 Cu/WC 组织与性能影响的研究[J].稀有金属, 2003,27(1):108 –111.

[27] 翟红雁,赵东方.Fe 基粉末与 Fe 基 + Al_2O_3 复合粉末热喷涂层性能的对比研究[J].华北航天工业 学院学报,2002,12(1):1 –3.

第七章 玻璃耐蚀涂层的 制备与性能研究

腐蚀防护是工业设备面临的重要问题之一,玻璃具有极好的耐腐蚀和耐老化性能,可用于零部件表面的腐蚀防护,然而,玻璃较难在设备表面形成覆盖层。超音速火焰喷涂技术具有效率高、操作简单、涂层适应性广的特点,使高性能防腐玻璃涂层的制备成为可能。但目前,很少有超音速火焰喷涂技术制备防腐玻璃涂层的报道,因此,本章主要研究该技术制备的玻璃涂层的工艺设计和涂层性能。

7.1 玻璃粉末的配制

石英玻璃具有耐蚀、耐热、膨胀系数小的特点,比较适合制备超音速热喷涂用玻璃粉末,但纯 SiO_2 的熔点高达 1730℃,不易熔化,需在 SiO_2 中加入其他物质,制备易熔化的多元玻璃粉末。根据需求,耐蚀防腐玻璃粉末必须满足以下条件:

(1) 具有很好的化学稳定性能,耐各种条件下的腐蚀(HF 酸除外);
(2) 具有适宜的熔点,能够满足超音速火焰喷涂要求;
(3) 与基材具有相近的热膨胀系数;
(4) 具有较好的热稳定性,抗冲击性能(耐冷热急变)和耐磨耗性能;
(5) 具有较好的流动性,能满足热喷涂过程中的送粉要求。

7.1.1 配料设计

制备多元玻璃的主要成分有:SiO_2、B_2O_3、Li_2O、Na_2O、Al_2O_3、CaO、SrO,辅助原料有:ZnO、MgO、TiO_2、ZrO_2、SnO_2、BaO、CoO 等,原料中各组成的纯度如表 7.1 所列。设计的防腐玻璃粉末组成为:SiO_2:60% ~62%,B_2O_3:10% ~12%,Na_2O:8%,Li_2O:8%,SrO:3%,CaO:2%,ZnO:1%,MgO:1%,TiO_2:1%,ZrO_2:1%,SnO_2:1%,BaO:1%,Al_2O_3:1%。根据需要可加入1% 的 CoO,使玻璃呈蓝色,具有较好的外观。

表 7.1　玻璃原料组成

主要成分	原料	含量/wt%	其他含量/wt%
SiO_2	石英砂	99.74	0.26
B_2O_3	硼酸	99.5	0.5
Na_2O	纯碱	98.0	2.0
Li_2O	碳酸锂	98.0	2.0
Al_2O_3	氢氧化铝	65.4	水分:32.0~35.0
CaO	碳酸钙	99.0	1.0
SrO	碳酸锶	94.0	$BaCO_3$:3,其他:3
ZnO	氧化锌	99.5	0.5
MgO	氧化镁	98.0	2.0
TiO_2	二氧化钛	98.0	2.0
ZrO_2	二氧化锆	99.0	1.0
SnO_2	二氧化锡	99.0	0.2
BaO	碳酸钡	99.0	1.0

SiO_2 是形成玻璃的主要物质,以硅氧四面体[SiO_4]的结构组成不规则的连续网络结构。增加 SiO_2 含量可提高玻璃的耐磨耗性、耐蚀性、化学稳定性、热稳定性、硬度以及机械强度,缩小玻璃的热膨胀系数和密度,但同时也增加了玻璃的熔制温度。因此,在热喷涂中,为使玻璃粉末能够充分熔化,SiO_2 含量必须满足一定要求。

7.1.2　粉末制备工艺

超音速火焰喷涂用玻璃粉体制备过程为:配料→熔制→水淬→粉体制备。

配料:用天平按设计的质量组成称量两份 300g 玻璃的原料,(其中一份加入 1wt% 的 CoO)。称量后研磨过 40 目筛子,然后均匀混合。

熔制:将马弗炉升温至 1200℃左右,把原料加入石英坩埚内,加热 10min 左右,待粉料熔融后,二次加料;重复以上操作,直到原料加完为止。当炉子升温至 1360℃后,保温 30min,然后出料。

水淬:把熔制好的玻璃熔液直接倒入冷水(蒸馏水)中,水淬后成颗粒状。

粉体制备:将水淬后的球状玻璃颗粒烘干、冷却,将其放入 0.5kg 料的球磨罐中球磨 15min~30min,然后筛选小于 50μm 和 50μm~75μm 的玻璃粉末。制备好的两种玻璃粉末的颜色分别为白色和蓝色。

7.1.3　玻璃粉末的组织成分分析

图 7.1 和图 7.2 为制备玻璃粉末的 XRD 衍射图谱和 SEM 形貌。由图 7.1

知,该玻璃粉衍射曲线中出现"漫散射"峰,表明该玻璃粉为非晶态结构相。图 7.2 为玻璃粉末的 SEM 扫描电镜,(c)和(d)显示该粉末的尺寸绝大部分不超过 50μm。从(a)、(b)可观察到该粉末颗粒的大小比较均匀,有利于喷涂中的送粉和粉末的均匀受热。通过能谱分析,白色玻璃粉末各元素含量为:C:1.50%,O: 54.40%,Na:2.22%,Al:0.66%,Si:24.67%,Ca:2.71%,Ti:1.54%,Zn: 3.22%,Zr:1.55%,B:1.32%,Sn:1.22%,Ba:3.00%,Li:1.35%,Sr:0.65%。

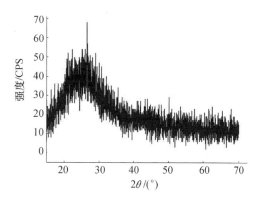

图 7.1　玻璃粉末 XRD 图谱

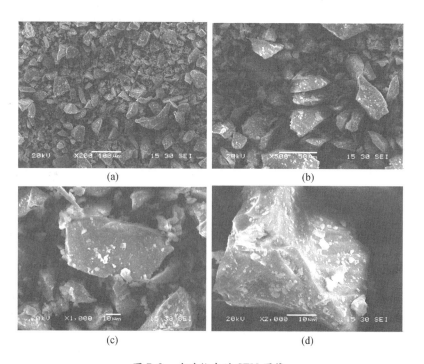

图 7.2　玻璃粉末的 SEM 图像

7.2 防腐玻璃涂层的制备

7.2.1 试样的准备及预处理

涂层基体为 45 钢,片状试样尺寸为 15mm × 10mm × 3mm 和 80mm × 40mm × 3mm。为了提高涂层与基体之间的结合强度,对基材表面进行了预处理。过程为:用丙酮彻底清除附着在工件表面上的油污,然后用喷砂方法对表面进行处理,改变基体的粗糙度。喷砂粗化时喷砂磨料采用 20 目棕刚玉,喷砂距离为 100mm,喷砂角度为 30°,压缩空气压力为 0.6 ~ 0.8MPa。

7.2.2 制备工艺

超音速火焰喷涂中,煤油流量、氧气、喷涂距离、送粉速度是重要的工艺参数。煤油流量、氧气流量(或氧气与氮气的流量)及它们之间的混合比决定了喷涂时燃烧产生的热量和焰流的特性,氧气和煤油流量越大,则燃烧室产生的热量和压力越大,火焰的温度和速度也提高,同时粒子的受热时间会相对减少,从而影响焰流与粒子间能量的交换,进而影响涂层性能;而适当的喷涂距离可提高结合强度、沉积效率。因此,喷涂玻璃涂层需要选取恰当的氧气和煤油流量,既要保证玻璃粒子在焰流中吸收足够的热量,又要保证玻璃粒子获得较高的速度。

涂层制备前先使用超音速火焰对基体表面进行预热,然后再启动送粉器,制备涂层,具体的喷涂工艺参数见表 7.2。在自然冷却时,制备的玻璃涂层可能开裂与剥落,因此,可在喷涂结束后进行保温处理,以减小冷却速度与热应力,避免涂层开裂与剥落,得到的涂层见图 7.3。

表 7.2 喷涂工艺参数及涂层外观

工艺	粉末颗粒大小 /μm	氧气 /(m³/h)	煤油 /(L/h)	喷涂距离 /cm	涂层大致外观
1	<50	22 ~ 24	10 ~ 12	20	基本无涂层
2	<50	34 ~ 36	13 ~ 14	25	厚度 0.2 ~ 0.6mm,涂层平整致密
3	<50	36 ~ 38	15 ~ 16	25	厚度 0.2 ~ 0.6mm,涂层致密,表面有波浪条纹
2	50 ~ 75	34 ~ 36	13 ~ 14	25	基本无涂层
4	50 ~ 75	38 ~ 40	20 ~ 22	30	厚度 0.2 ~ 0.6mm,致密,表面有大量波浪条纹

(a)   (b)

图7.3　工艺3制备的玻璃涂层
(a) 蓝色玻璃涂层；(b) 白色玻璃涂层。

但是,在利用50~75μm的玻璃粉末制备耐蚀涂层的过程中,由于颗粒相对较大,需要将粉末熔化的热量更多。当提高氧气和煤油流量后,高温高速火焰接触已形成的涂层会导致涂层过熔,且涂层中的物质可能发生反应;在喷涂颗粒<50μm过程中,温度过低,玻璃粉末不能充分熔化,无法形成涂层,温度太高则难以形成平整的涂层,且涂层中的物质可能发生反应而产生气孔和条纹。经过反复试验,最佳喷涂工艺为:粉末颗粒大小<50μm,氧气34~36 m³/h,煤油13~14L/h,喷涂距离25cm。

7.3　显微组织及成分分析

7.3.1　X射线衍射及析晶特性

由于玻璃的内能比同组成的晶体高,所以玻璃处于介稳状态,在一定条件下存在着自发析出晶体的倾向。制备的玻璃涂层在冷却过程中也会产生析晶现象,析出的晶体有可能影响涂层的性能。

以 SiO_2 为主要成分的氧化物玻璃在熔化液态时具有很强的粘滞性,原子的扩散相当困难,所以在冷却过程中晶核的形成和长大速率很低,所以一般的冷却速率(10^{-4}~10^{-1}K/s)就足以避免结晶,而形成玻璃。

由图7.4(b, d)可知,自然冷却的玻璃涂层表面为完全的非晶态玻璃相,没有析出晶体,这是因为自然冷却时温度下降相对较快,原子难以扩散,难以形成晶体。但是经保温处理的玻璃涂层表面出现了少量的 Li_2SiO_3 晶体,这是因为保温处理会导致温度下降的速度变慢,原子的扩散相对容易,当涂层温度降至晶化温度(约600~800℃)时会产生析晶,但由于温度下降仍然较快,涂层表面绝大部分物质来不及析晶,故只产生少量的晶体,如图7.4(a, c)所示,涂层表面有少量的纳米级的晶须状晶体存在(图 7.5)。图 7.6 为涂层与基体过渡区显微结构,结合区域出现了平行裂纹、微米级的多角晶棒,裂纹对涂层的结合强度产生不利影响。

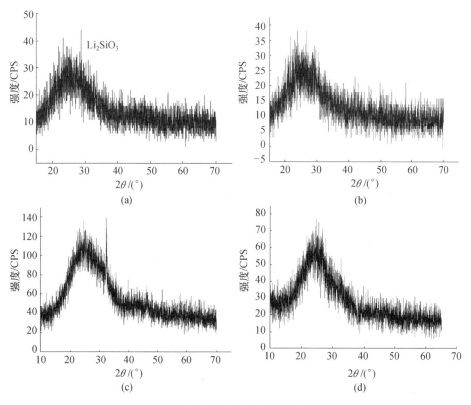

图 7.4　玻璃涂层的 XRD 图谱

(a) 工艺 2 制备的玻璃涂层(保温);(b) 工艺 2 制备的玻璃涂层(自然冷却);
(c) 工艺 3 制备的玻璃涂层(保温);(d) 工艺 3 制备的玻璃涂层(自然冷却)。

图 7.5　工艺 2 制备的涂层表面 SEM(保温处理)

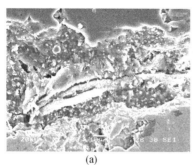 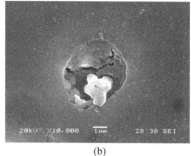

(a)   (b)

图 7.6　工艺 3 制备的涂层截面 SEM(保温处理)

7.3.2　涂层结构及成分分析

为了进一步研究涂层微观结构特性,对涂层的表面及横截面作 SEM 扫描和能谱分析。由图 7.7 可知,工艺 2 制备的蓝玻璃和白玻璃涂层中的粒子形貌和结构完全相同。大粒子铺展成典型的薄饼形,而大量的小粒子呈球形,说明在喷涂过程中,玻璃粉末在焰流中充分熔化。球形小颗粒在涂层中发挥重要作用,一方面,小颗粒之间相互啮合,填充在大粒子的边界,提高涂层致密性与强度;另一方面,小颗粒能起到固定涂层的作用,降低喷涂时超音速焰流对涂层的冲刷作用,保证了涂层的平整均匀。

由图 7.8 可知,采用工艺 2 制备的涂层与基体互相渗透、润湿,大量的相互啮合小玻璃颗粒以枝状伸入基体内部,界面形貌呈不规则的犬牙交错状。

对工艺 2 制备的涂层表面进行能谱分析,各元素含量为: O:57.90, Na:2.30,Al:0.58,Si:24.67,Ca:2.71,Ti:1.54,Zn:3.22,Zr:1.55,B:1.10,Sn:1.22,Ba:3.00,Li:1.35,Sr:0.87。元素含量与玻璃粉末中的元素含量比较接近,但没有 C 元素,其原因可能是粉末在喷涂熔化过程中发生了脱碳现象。

而采用工艺 3 制备的玻璃涂层 SEM 如图 7.9 所示,涂层中无大量的球形小颗粒,大粒子的边界也不明显,并出现了多条平行的条纹,说明玻璃粉末在焰流中已经完全熔化,颗粒沉积过程中,涂层的温度较高,整个涂层呈流态,高温高速的焰流对流态的涂层产生较强的冲刷作用,而涂层的高黏度产生的粘滞力与冲刷力相抗衡,从而形成平等条纹。工艺 3 的煤油流量比工艺 2 大,燃烧产生的气体总流量也相对较大,焰流温度高,冲刷作用大,从而形成了与工艺 2 不同的显微结构。

工艺 3 制备的涂层与基体存在过渡区,如图 7.10 所示,过渡区上不均匀析出的晶体对涂层起破坏的作用,对其过渡层上、下部分进行能谱分析。由表 7.3 和表 7.4 可知,过渡层底部元素发生了变化,底层出现了 C 和 Fe 元素,Na、Al、Si、Ca、Ti、Zn、Sn 的含量都有减少,说明过渡层与基体发生了轻微的理化反应,涂层与基体的结合仍以机械结合为主。

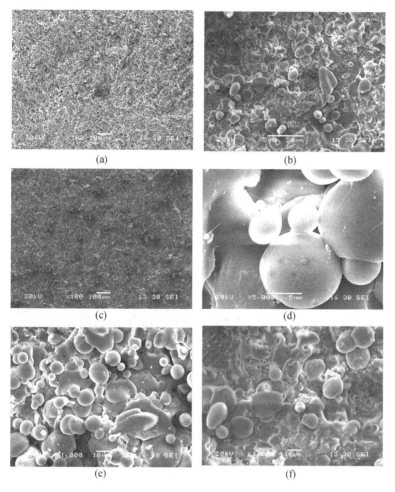

图 7.7　工艺 2 制备的玻璃涂层表面 SEM 图像

（a,b,c）白玻璃表面；（d,e,f）蓝玻璃涂层。

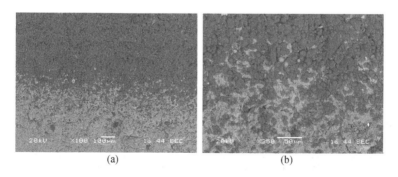

图 7.8　工艺 2 涂层与基体界面 SEM 图像

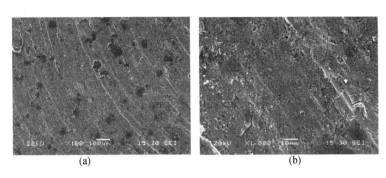

(a)   (b)

图 7.9　工艺 3 制备的玻璃涂层表面 SEM 图像

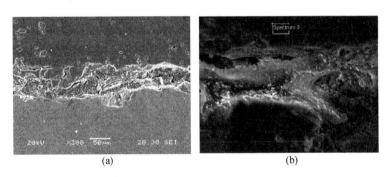

(a)   (b)

图 7.10　工艺 3 涂层与基体界面 SEM

（a）涂层界面 SEM；（b）涂层界面能谱区域。

表 7.3　过渡层上部元素含量

元素	质量含量/%	原子含量/%	元素	质量含量/%	原子含量/%
O	54. 15	69. 78	Ca	3. 71	1. 91
Na	2. 64	2. 37	Ti	1. 53	0. 66
Al	0. 71	0. 54	Zn	3. 99	1. 26
Si	31. 62	23. 21	Sn	1. 67	0. 29
总计	100. 00				

表 7.4　过渡层下部元素含量

元素	质量含量/%	原子含量/%	元素	质量含量/%	原子含量/%
C K	2. 97	4. 89	Ca K	2. 74	1. 35
O K	55. 04	68. 01	Ti K	1. 16	0. 48
Na K	2. 62	2. 25	Fe K	1. 06	0. 37
Al K	0. 64	0. 47	Zn K	2. 21	0. 67
Si K	30. 23	21. 28	Sn L	1. 33	0. 22
总计	100. 00				

7.4 耐温差性能分析

涂层经受剧烈的温度变化而不破坏的性能称为热稳定性。热稳定性的大小用试样在保持不破坏条件下所能经受的最大温度差来表示。涂层受热时,其表面产生压应力,而在受冷时则表面产生张应力。由于玻璃的耐压强度比抗张强度要大十几倍,因此,在测定玻璃热稳定性的时候,应使试样经受急冷。在温度急变中,沿着玻璃的厚度从表面到内部,不同处有不同的膨胀量,由此产生了应力,当应力超过极限强度时,就造成破裂。

7.4.1 试验设备

加热设备为 SRJX – 413 型电阻加热器,加热范围为 0 ~ 1300℃。冷却液为蒸馏水。基体为 40mm × 40mm × 3mm 的 45 钢,涂层厚度为 0.3mm。

7.4.2 耐温差试验

将试样放入加热器内加热至指定温度保温 10min 后取出放入 30℃的蒸馏水中 10min 后取出,观察涂层表面,如无明显变化,按上述操作重复,如试样合格,则认为其涂层可耐的温差 ΔT 为指定温度与环境温度之差,试验结果如表 7.5 所列。表中,涂层在 120℃时出现了明显裂纹,而在 100℃时涂层无明显变化,因此,涂层可抗温度为 100℃的温差冲击,性能良好,可满足一般需要。

表 7.5 耐温差试验结果

$\Delta T/℃$	涂层情况
80	无变化
100	无变化
120	涂层表面有裂隙

7.5 涂层结合强度

7.5.1 试验结果及分析

本书利用拉伸法来测试涂层的结合强度,其中,1#、2#、3#试样为自然冷却的试样,4#、5#、6#试样为喷涂完毕后放入炉中经过保温的试样。涂层都采用工艺 2 制备,试验结果见表 7.6,拉伸试验的破坏位置是涂层与基体界面,自然冷却涂层的结合强度平均为 8.0 MPa,保温缓慢冷却的涂层结合强度平均约为

8.2MPa,试样都在涂层与基体处断裂,涂层的保温处理对其结合强度的影响较小。

表 7.6　涂层的结合强度

序号	结合强度/MPa	平均值/MPa
1#,2#,3#	8.4 7.4 8.3	8.0
4#,5#,6#	8.2 8.6 7.9	8.2

拉伸过程中,涂层从中间被撕裂,涂层的断口如图 7.11 所示,断口表面较平整,断口表面有多条交错的裂纹,呈脆性断裂特征,涂层的底部有粒子被拉出形成的凹孔(图 7.11(b))。

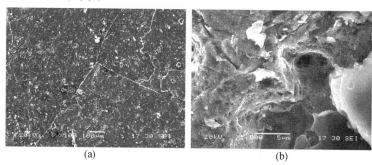

(a)　　　　　　　　　　(b)

图 7.11　玻璃涂层断口形貌

7.5.2　耐冲击强度

冲击试验参考 GB7990—87 标准进行,用 65g 钢球在 1.75m 的高度落至涂层试样中心,以涂层出现裂纹的冲击次数 N 和冲击后涂层脱落情况评定结合性。若 N 越大,涂层脱落面积越小,则结合性越好。为方便试样表面观察,采用工艺 2 制备的蓝玻璃涂层试验,试验结果见表 7.7。表中说明,当冲击次数大于 12 时,涂层表面的落点处有较多裂纹,但涂层未脱落,而在冲击次数为 15 时,涂层表面的落点处可见基体,说明玻璃涂层已经被破坏。由此可见,玻璃涂层的耐冲击能力可以达到 12 次,玻璃涂层内部粒子之间相互啮合的结构具有良好的韧性和抗冲击性。

表 7.7　耐冲击强度结果

冲击次数	落点处情况	涂层与基体结合情况
4	落点处有小坑,有少量裂纹	未脱落
12	落点处有大坑,有较多裂纹	未脱落
15	落点处可见基体	未脱落

7.6 玻璃涂层耐腐蚀性能研究

极强的抗蚀性使得玻璃涂层可以在强腐蚀环境下对金属基体进行有效的保护。本节主要研究玻璃涂层在盐雾、浓盐酸、苛性碱和 NaCl 溶液中的抗腐蚀行为,并通过 SEM 形貌观察、能谱分析、电化学测试对玻璃涂层的腐蚀机理进行研究。

7.6.1 盐雾试验及分析

1. 仪器及试样

盐雾设备采用 YWX – 150 型盐雾箱,试样大小为 $80mm \times 40mm \times 3mm$,基体材料为 45 钢,涂层厚度为 0.3mm。试样背面及四周不密封。

2. 中性盐雾试验

盐雾试验是用人工办法模拟产品在自然大气中的使用情况,在实验室利用试验设备加速腐蚀的一种方法。试样以一定角度和排列方式置于盐雾箱中,以一定角度和流量,定时向箱内喷射中性盐水的盐雾,使其充满箱体。中性盐雾试验是一种规范的国际通用标准,它规定了一种标准化的试验程序,从试样制备、处理方法、试验过程一直到结果评定均按规定进行。试验过程中,以一定的试验时间为周期,根据要求进行若干周期的试验,试验后对试样进行处理和评级。按照国军标 GJB 150—86,对玻璃涂层的耐盐雾性能进行试验,试验条件如表 7.8所列。

表 7.8　中性盐雾试验条件

温度/℃	盐 溶 液			盐雾沉降量	喷雾方式	时间
	组成	浓度	pH	0.7	24h 连续喷雾	48h
15 ±5	NaCl	5% ±0.1%	6.5 ~ 7			

如图 7.12 所示,试验后涂层中心区域外观无变化,边缘区域呈红色,经分析是由于受到试样背面上部 45 钢基体受盐雾腐蚀而产生的 $FeCl_3$ 溶液流到正面玻璃涂层上,玻璃涂层具有优异的耐盐雾性能。研究表明,玻璃涂层对涂层的保护机理是由于玻璃涂层为惰性结构,对盐雾反应迟钝,涂层阻止了盐雾对基体的化学腐蚀。同时也表明,多功能超音速火焰喷涂制备的玻璃涂层结构致密,孔隙率低。

7.6.2 强腐蚀液浸泡试验

1. 仪器及试样

试样形状为表面积为 $1cm^2$,高为 10cm 圆柱体,如图 7.13 所示。

图 7.12　盐雾试验腐蚀试样

图 7.13　腐蚀试样

所用仪器有恒温水浴槽、玻璃瓶和塑料瓶,腐蚀液分别为 36% HCl 和 10mol/L 的 NaOH。将装有腐蚀液的玻璃或塑料瓶置于恒温水浴槽中,设定温度为 30℃,试样基体四周用环氧树脂固化封装后,再使用蜡封装,将制备好的试样置于腐蚀液中。玻璃涂层厚度为 0.3～0.4 mm,腐蚀时间为 30 天。

2. 36% HCl 浸泡腐蚀

在试验过程中,由于 36% HCl 的腐蚀性过强,大量 HCl 溶液穿透环氧树脂及蜡防护层,在第 7 天时 45 钢基体被全部腐蚀掉,只剩下涂层,继续将涂层置于 HCl 腐蚀液中腐蚀。如图 7.14 所示,从涂层外观看,涂层基本无变化,涂层本身非常耐浓 HCl 腐蚀。

图 7.14　被 HCl 腐蚀的涂层

将上述腐蚀后涂层从中间折断,对涂层表面及截面的 1、2、3 三处(图 7.15)作 SEM 扫描和能谱分析,分析元素含量和形貌变化,如图 7.16～图 7.19 和表 7.9～表 7.12 所示。

图 7.15　涂层截面 1、2、3 区域的示意图

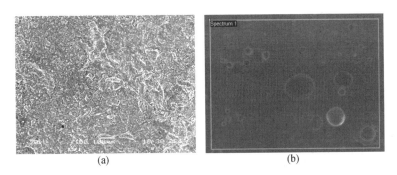

(a)　　　　　　　　　　　　(b)

图 7.16　腐蚀后涂层表面 SEM 扫描

（a）微观正面形貌；（b）能谱区域。

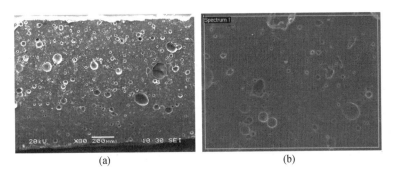

(a)　　　　　　　　　　　　(b)

图 7.17　腐蚀后涂层截面 1 区域 SEM 扫描图像

（a）微观截面 1 形貌；（b）能谱区域。

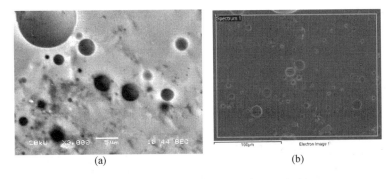

(a)　　　　　　　　　　　　(b)

图 7.18　腐蚀后涂层截面 2 区域 SEM 扫描

（a）微观截面上部形貌；（b）能谱区域。

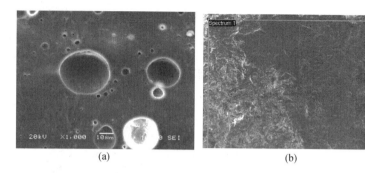

图 7.19　腐蚀后涂层截面 3 区域 SEM 扫描

(a) 微观截面下部形貌；(b) 能谱区域。

表 7.9　腐蚀涂层表面元素含量

元素	质量含量/%	原子含量/%	元素	质量含量/%	原子含量/%
C	19.23	30.33	Ca	0.33	0.16
O	40.07	47.46	Ti	0.33	0.13
Na	0.45	0.37	V	0.34	0.13
Al	1.47	1.04	Cr	8.99	3.28
Si	20.74	13.99	Fe	6.01	2.04
Cl	2.03	1.08			

表 7.10　腐蚀截面 1 区域元素含量

元素	质量含量/%	原子含量/%	元素	质量含量/%	原子含量/%
O	56.63	72.22	Ca	2.55	1.30
Na	2.63	2.33	Ti	0.91	0.39
Al	0.64	0.48	Zn	2.97	0.93
Si	30.13	21.89	Sn	1.03	0.18
W	2.51	0.28			

表 7.11　腐蚀截面 2 区域元素含量

元素	质量含量/%	原子含量/%	元素	质量含量/%	原子含量/%
C	2.60	4.37	Ti	1.04	0.44
O	54.02	68.17	Fe	0.90	0.33
Na	2.59	2.27	Zn	2.83	0.87
Al	0.75	0.56	Sn	1.11	0.19
Si	29.64	21.31	W	2.01	0.22
Ca	2.50	1.26			

表 7.12　腐蚀截面 3 区域元素含量

元素	质量含量/%	原子含量/%	元素	质量含量/%	原子含量/%
C	5.30	8.75	Ca	2.54	1.26
O	52.56	65.16	Ti	0.89	0.37
Na	2.13	1.84	Zn	3.76	1.14
Al	0.63	0.46	Sn	0.88	0.15
Si	28.95	20.45	Cl	0.38	0.21

比较图 7.17 ~ 图 7.19, 截面 1、2、3 区域中的 SEM 图像中显示有大量的圆形凹坑, 圆形凹坑部位有明显的粘结特征, 这些圆型凹坑并非气孔, 而是折断涂层时拉出的球形粒子产生的。

从能谱结果来看, 表面及截面 1、2、3 区域的元素变化有如下特征:

(1) 涂层表面和 3 区域的 C 元素含量要明显高于 1、2 区域, 表面的含量高达近 20%。

(2) 涂层表面和 3 区域的碱金属元素含量比 1、2 区域要少。

(3) 涂层表面的 Si 和 O 元素含量比 1、2、3 区域要少。

(4) 涂层表面和 3 区域含有 Cl 元素, 1、2 区域不含 Cl 元素。

通过分析, 认为涂层在 HCl 腐蚀液中可能发生以下反应:

$$\equiv Si—OR + H^+ \Leftrightarrow \equiv Si—OH + R^+ （R 代表碱金属元素） \tag{7.1}$$

$$Si—O—Si + H_2O \rightarrow Si—OH + OH–Si \tag{7.2}$$

$$R^+ + OH^- \Leftrightarrow ROH \tag{7.3}$$

$$ROH + HCl \Leftrightarrow RCl + H_2O \tag{7.4}$$

$$2ROH + CO_2 \rightarrow R_2CO_3 + H_2O \tag{7.5}$$

反应 (7.1) 通常为扩散控制过程, 与反应时间 t 的 1/2 次方成正比。反应导致溶液的 pH 值及 R^+ 离子的增高以及玻璃表面的 SiO_2 层含量相对增高, 形成结构疏松的表面富 SiO_2 层。反应 (7.2) 涂层表面的富 SiO_2 层同时也受到盐酸溶液中水的侵蚀, 使 Si–O–Si 键断裂并形成大量的表面 Si–OH 原子基团。随着反应不断进行, 表面富 SiO_2 层中部分 SiO_2 以可溶性 $Si(OH)_4$ 形式逐渐溶解于溶液中, 导致涂层表面 Si 和 O 的减少, 同时形成大量的表面侵蚀缺陷。此过程通常由界面反应控制, 并与反应时间 t 成正比。随着涂层表面的 R^+ 不断滤出, 所形成的表面富 SiO_2 层发生收缩及再聚合作用。

涂层表面和 3 区域含有 Cl 元素, 说明反应 (7.3) 和 (7.4) 可能存在。1、2 区域无 Cl 元素, 可认为反应 (7.1~7.3) 只在涂层表面反应, 也说明了玻璃涂层具有很低的孔隙率。反应 (7.5) 可能在涂层从盐酸溶液中取出后涂层表面 ROH 与空气中的 CO_2 发生反应, 致使涂层表面 C 元素含量增大。

159

3. 10mol/L NaOH 浸泡腐蚀

图7.20为玻璃涂层在10mol/L NaOH浸泡试验后的宏观和微观形貌。从涂层腐蚀后的照片和SEM来看,涂层基本保存完好,腐蚀区域的涂层形貌发生变化,局部出现微小腐蚀的凹孔,很多原涂层上的半熔化粒子形状也发生改变,使得熔化粒子的边界变得模糊。

(a)

(b)

(c)

图7.20 腐蚀后涂层照片及腐蚀区域SEM图像

(a,b)腐蚀后涂层微观形貌;(c)腐蚀后涂层的表面。

在pH>9的环境中,硅酸盐玻璃很容易被碱溶液浸蚀。从该区域的元素来看,Si元素的含量较未腐蚀的涂层含量少,碱金属元素含量也有所减少,如表7.13所列。通过元素分析认为,涂层在NaOH腐蚀液中的腐蚀机理如下:

(1)碱的水溶液切断了Si–O–Si键,增加了SiO非桥氧的数目,被破坏的SiO_2溶到溶液中,产生了反应(7.6)。

$$\equiv SiOR + H_2O \Leftrightarrow Si - OH + ROH \qquad (7.6)$$

$$Si - OH + NaOH \rightarrow [Si(OH)_3O]Na + H_2O \qquad (7.7)$$

表7.13 涂层区域的元素含量

元素	质量含量/%	原子含量/%	元素	质量含量/%	原子含量/%
C	12.42	19.23	Cl	1.22	0.64
O	52.24	60.71	Ca	1.94	0.90
Na	2.32	1.88	Ti	0.66	0.25

元素	质量含量/%	原子含量/%	元素	质量含量/%	原子含量/%
Al	0.60	0.41	Fe	6.80	2.26
Si	19.88	13.16	Zn	1.92	0.55

发生反应(7.6)的同时,部分反应(7.7)也在进行,碱性溶液对玻璃的浸蚀不出现硅酸凝胶薄膜,因而涂层表面的 Si 元素含量减少。

(2)部分 Si - OH 解离成 SiO^- 和 H^+,在溶液与涂层间产生双电层。涂层表面带负电荷,吸引溶液中的碱离子。同时,在 pH >9 时,随着 pH 值的增大,≡Si - OH 的活度降低,与此同时,H^+ 的活度减少,溶液中碱离子活度增大,碱离子占据涂层表面位置,致使析出的碱量减少。

7.7　小　结

本章通过对玻璃涂层在盐雾、腐蚀液中腐蚀的形貌、成分的分析,可以得到如下结论:

(1)通过分析可知超音速火焰喷涂获得的玻璃涂层呈非晶态的玻璃相,喷涂过程中玻璃态物质基本未发生变化。涂层组织均匀致密,与基体结合强度良好,具有较好的抗热冲击能力和极好的耐蚀性。

(2)通过试验比较,玻璃涂层耐盐雾、浓 HCl、浓 NaOH 溶液的腐蚀能力均较强。

参 考 文 献

[1] 白新德. Corrosion and Control of Materials[M]. 北京:清华大学出版社,2005.

[2] 土桥正二. 玻璃表面物理化学[M]. 北京:科学出版社,1986.

[3] 黄建中,左禹. 材料的耐腐蚀性和腐蚀数据[M]. 北京:化学工业出版社,2003.

[4] 周玉. 陶瓷材料学[M]. 北京:科学出版社,2004.

[5] 刘新年,赵彦钊. 玻璃工艺综合实验[M]. 北京:化学工业出版社,2005.

第八章　导电导热铜涂层的制备与性能研究

纯铜呈浅玫瑰色或淡红色,富有韧性和延展性,可以轧成薄片和拉成细丝,具有良好的导电性和导热性。金属铜本身化学性质较不活泼,在干燥空气中不被氧化,具有很高的正电位,不能置换酸中的氢,因此在空气、水、非氧化性酸及有机酸等介质中均有很好的耐蚀性。

铜涂层因其良好的导热、导电、减磨性能而得到广泛的应用,但是铜涂层制备过程中,易氧化产生氧化物,导致涂层性能的降低,如果温度过高,生成暗红色的 Cu_2O,温度继续升高时能继续氧化生成 CuO,呈黑色。本章采用低温超音速火焰喷涂(LTHVOF)制备了一系列铜涂层,并对涂层的性能进行测试分析。

8.1　试验材料与方法

1. 粉末

喷涂材料为羟基铜粉末,淡红色,粒度为 $15 \sim 45 \mu m$。图 8.1 与图 8.2 分别为铜粉末的 X 射线衍射图谱与显微结构,由图可知,粉末为纯铜,呈麦穗状。

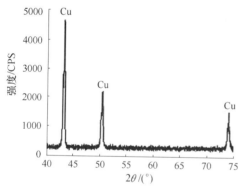

图 8.1　Cu 粉末的 XRD 图谱　　　　图 8.2　Cu 粉末 SEM 形貌

2. 基体材料

在三种不同的基体上制备涂层,分别为 45 钢、不锈钢、LY12,喷前基体经除油粗化处理。喷砂磨料采用 20 目棕刚玉,喷砂距离为 100mm,喷砂角度为 45°,压缩空气压力为 $0.4 \sim 0.6MPa$。

3. 涂层制备工艺

在低温超音速火焰喷涂中,煤油流量、氧气流量、氮气流量、喷涂距离及送粉率是重要的工艺参数。煤油流量、氧气流量、氮气流量及它们之间的混合比决定了喷涂时燃烧产生的热量和焰流的特性,从而影响焰流与粒子间的热量与动量交换,进而影响涂层的性能。喷涂距离是一个重要的参数,若喷涂距离过短,焰流的热影响将导致铜涂层过热出现氧化,并导致结合强度下降,过长的喷涂距离会导致涂层致密度和沉积效率下降,适当的喷涂距离可提高结合强度并避免减氧化物的产生。

根据焰流温度的测试结果,初步选择了系列工艺进行涂层试喷。通过比较不同工艺下涂层制备时的沉积效率、表面状态与颜色,发现当焰流温度低于300℃时,制备的涂层表面粗糙度较高;当焰流温度高于800℃时,涂层表面呈暗红色,甚至发黑,说明出现了氧化物。最终确定600℃的焰流为涂层制备的基本工艺条件,预优化后确定了如表8.1所列的喷涂工艺。

表8.1 喷涂工艺参数

编 号	煤油流量 /(L/h)	氧气流量 /(m³/h)	氮气流量 /(m³/h)	喷涂距离 /mm	基 体
1	3	8	40	120	45 钢
2	3	8	40	150	45 钢
3	3	8	40	180	45 钢
4	3	8	40	120	1Cr18Ni9Ti
5	3	8	40	150	1Cr18Ni9Ti
6	3	8	40	180	1Cr18Ni9Ti
7	3	8	40	120	LY12
8	3	8	40	150	LY12
9	3	8	40	180	LY12

4. 试验方法

涂层制备采用自行研制的低温超音速火焰喷涂设备,并按表8.1所列工艺喷涂。

8.2 涂层显微结构与分析

涂层的显微结构通常可分为扁平粒子层间结构和粒子内部结构两个层次。层间结构主要包括孔隙率、层间界面状况、微裂纹、扁平粒子厚度等。扁平粒子内部结构主要包括晶体结构及缺陷、晶粒大小等。

图 8.3 为 45 钢基体 LTHVOF 喷铜涂层的典型结构,图中 1#、2#、3# 分别对应表 8.1 中的编号。由图可知,三种工艺条件下粒子间结合好,粒子边界清晰,结合边界区域没有出现大的孔隙、裂纹与氧化物,涂层内粒子变形充分,从横截面上来看,穗状与枝状的粒子完全变形成不规则的扁平状。涂层整体均匀致密,不同喷涂距离对涂层内部显微结构影响较大,涂层的致密性随喷涂距离的增大而降低,结合区域的孔隙有不断增大的趋势,通过比较涂层内部变形粒子长宽比,发现粒子的扁平程度随喷涂距离的增加也有所降低,这与制备的涂层的表面状态相一致,随着喷涂距离的增大,涂层表面的粗糙度不断增大。

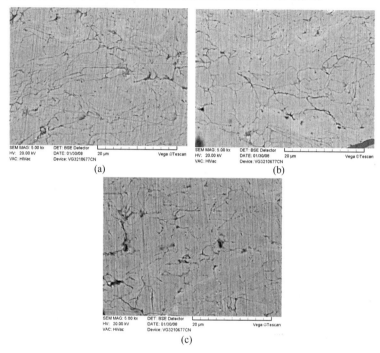

图 8.3   45 钢基体上 Cu 涂层的 SEM 形貌

(a) 1#铜涂层; (b) 2#铜涂层; (c) 3#铜涂层。

在 LTHVOF 中,超音速焰流的温度较低,为 600℃ 左右,粉末在焰流中的停留时间很短,为 10^{-3} 秒级,因此,铜颗粒到达基体表面时,并没有熔化,而是处于软化状态,高速粒子碰撞到粗糙的基体或涂层表面后,变形后形成涂层,粒子间依靠相互的镶嵌产生的机械力结合成涂层。由于粒子具有较高的速度,碰撞时的冲量较大,能提供的变形能量较大,因此,粒子变形充分,这有利于粒子之间的结合。

图 8.4 为不锈钢基体 LTHVOF 喷铜涂层的典型结构,涂层编号见表 8.1,由图可知,涂层的显微结构与 45 钢基体上的涂层类似,基体对涂层内部的显微结构影响不是很明显,涂层的结构随喷涂距离的变化规律与 45 钢基体相同。

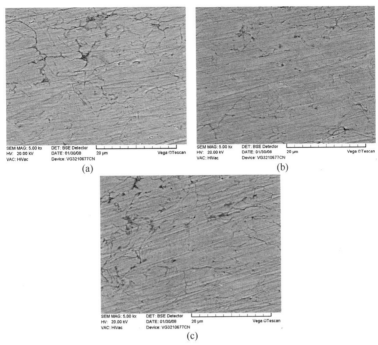

图 8.4 1Cr18Ni9Ti 基体上 Cu 涂层的 SEM 形貌

(a) 4#铜涂层；(b) 5#铜涂层；(c) 6#铜涂层。

图 8.5 为 LY12 基体 LTHVOF 喷铜涂层的典型结构,涂层的结构随喷涂距离的变化规律与前两种涂层基本相同,其中,7#铜涂层具有很高的致密性。

由三种基体上的涂层的显微组织分析可以发现,孔隙大多出现在粒子的交界处,形状不规则,在交界的局部区域,出现了较大的孔洞,约为 2μm,这说明不完全重叠是涂层孔隙形成的主要因素。低温超音速火焰喷涂粒子高速撞击基体时,碰撞沉积形成的扁平粒子之间不完全重叠,存在未完全结合界面,形成孔隙。

涂层的孔隙率采用称重法来测量,在平板上喷涂厚涂层,采用铣削的方法将涂层从基体中剥离,最后在涂层的每个面上都进行精密铣削,铣成长 30mm、宽 10mm、厚 4mm 的长方体小块样,如图 8.6 所示,然后在精度为 0.01mg 的天平上称重,根据下式计算涂层密度。

$$\rho = \frac{M}{lbw} \tag{8.1}$$

式中　l——涂层样长度;

　　　b——涂层样宽度;

　　　w——涂层样厚度。

涂层孔隙率的计算结果如表 8.2 所列,表中的相对密度为涂层的密度与工业纯铜的密度之比,工业纯铜密度取为 8.9g/cm³。由测试结果可知,在优化的喷涂工艺条件下,涂层的相对密度约为 98.5%,涂层的孔隙率约为 1.5%。

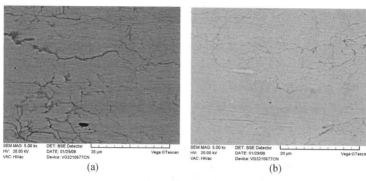

(a)   (b)

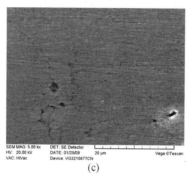

(c)

图 8.5   LY12 基体上 Cu 涂层的 SEM 形貌

（a）7#铜涂层；（b）8#铜涂层；（c）9#铜涂层。

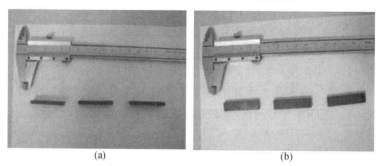

(a)   (b)

图 8.6   铣削成型后的铜涂层

表 8.2   铜涂层的密度测试结果

编号	煤油流量 /（L/h）	氧气流量 /（m³/h）	氮气流量 /（m³/h）	喷涂距离 /mm	密 度 /（g/cm³）	相对密度 /%
1	3	8	40	120	8.744	98.24
2	3	8	40	120	8.773	98.57
3	3	8	40	120	8.757	98.39
4	3	8	40	150	8.604	96.67
5	3	8	40	150	8.588	96.49
6	3	8	40	150	8.522	95.75
7	3	8	40	180	8.789	98.75

编号	煤油流量 /(L/h)	氧气流量 /(m³/h)	氮气流量 /(m³/h)	喷涂距离 /mm	密度 /(g/cm³)	相对密度 /%
8	3	8	40	180	8.535	95.89
9	3	8	40	180	8.595	96.57

8.3　涂层相组成与分析

图 8.7 为表 8.1 喷涂工艺参数下制备的铜涂层 X 射线衍射图谱,序号对应

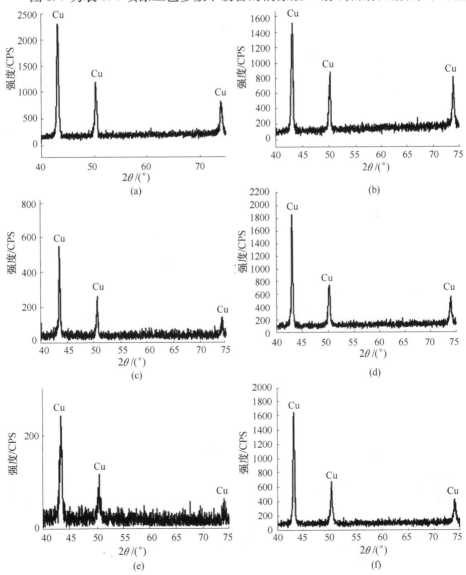

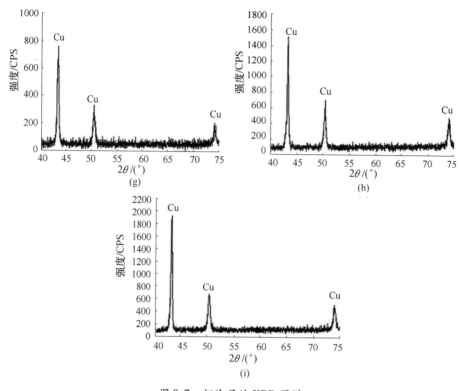

图 8.7　铜涂层的 XRD 图谱

(a) 1#涂层；(b) 2#涂层；(c) 3#涂层；(d) 4#涂层；(e) 5#涂层；

(f) 6#涂层；(g) 7#涂层；(h) 8#涂层；(i) 9#涂层。

于表 8.2 中的序号。可以看出,不同基体,不同工艺参数下制备的铜涂层的衍射图谱基本一致,且与铜粉末的图谱相同,说明在喷涂过程中,铜粉末基本上没有发生相变。

　　在低温超音速火焰喷涂中,焰流的温度较低,拉伐尔喷嘴的出口焰流温度低于 800℃,速度较高,大于 1200m/s,粒子在焰流中的停留时间很短,因此,焰流对粒子的热影响较小,粒子到达基体时只是软化状态,低于铜的熔点,有效地避免了氧化物的生成。

8.4　涂层结合强度测试与分析

　　按照标准 ASTMC 633—79 在电子拉伸试验机上进行涂层的结合强度测试。对不同基体上的铜涂层的结合强度进行了测试,测试结果如表 8.3 所列,45 钢基体铜涂层的平均结合强度为 17.58MPa,不锈钢基体铜涂层的平均结合强度为 18.83MPa,而铝基体铜涂层的平均结合强度为 32.14MPa,不同基体上制备的涂层的测试结果分布都比较均匀。

表 8.3　铜涂层结合强度测试结果

基体	编号	测量值/MPa	平均值/MPa	断裂面
45 钢	1#	15.51、18.06、17.82、17.99、18.54	17.58	涂层与基体结合面
	2#	13.79、12.57、18.96、11.35、10.75	13.48	涂层与基体结合面
	3#	13.49、18.90、15.43、16.09、17.54	16.29	涂层与基体结合面
不锈钢	4#	22.38、19.80、19.28、17.61、15.10	18.83	涂层与基体结合面
	5#	12.11、15.24、12.81、13.72、15.40	13.85	涂层与基体结合面
	6#	6.68、14.57、17.58、15.76、15.12	13.94	涂层与基体结合面
LY12 铝	7#	37.60、33.31、31.08、26.98、31.75	32.14	涂层与基体结合面
	8#	17.16、31.35、26.99、23.06、21.62	24.03	涂层与基体结合面
	9#	18.45、24.36、27.12、25.19、27.43	24.51	涂层与基体结合面

一般来说,涂层与基体的结合方式主要有三种,分别是机械结合、物理结合、冶金结合。当高速粒子撞击到经过粗化处理后的表面时,粒子撞击成扁平状并同时与粗糙表面的突起部位发生镶嵌式咬合现象,形成机械结合。经过粗化处理后的表面,能增加涂层与基体表面之间的结合表面积,有利于提高涂层与基体表面的结合强度。

涂层与基体表面由范德华力引起的结合称为物理结合,物理结合产生的条件是干净的基体表面,而且粒子与基体之间的距离要在原子晶格的范围内,这就要求基体表面是非常清洁的高活性的表面。

如果粒子传递给基体原子足够的活化能,使基体原子与粒子的原子间发生化学作用形成金属间化合物或固溶体,则涂层与基体之间形成冶金结合。目前,热涂层与基体的结合形式一般还认为是机械结合,即使有其他的结合形式,其所占的比例也较小,目前所测得的热喷涂层与基体的结合强度最大约为 120MPa,远小于材料本身的强度。LTHVOF 喷铜涂层的结合力最大为 37 MPa,因此,涂层与基体的结合形式为机械结合。图 8.8 为 45 钢基体上铜涂层与基体结合区域的显微组织,由图可知,结合区域很完整,涂层很致密,结合面上没有出现孔洞与裂纹。随着喷涂距离的增大,结合面上出现少量孔隙缺陷。

图 8.9 为 1Cr18Ni9Ti 基体上铜涂层与基体结合区域的显微组织,结合区域很完整,涂层很致密,结合面上没有出现孔洞与裂纹,喷涂工艺对涂层结合区域的影响如前所述。

图 8.10 为 LY12 基体上铜涂层与基体结合区域的显微组织,由图可知,结合区域很完整,涂层很致密,结合面上没有出现孔洞与裂纹,喷涂工艺对涂层结合区域的影响如前所述。

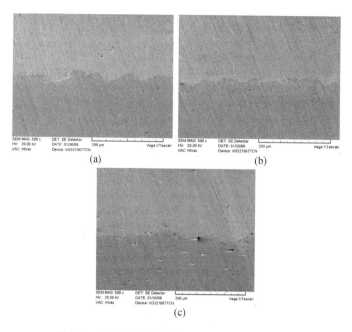

图 8.8 45 钢基体上铜涂层结合区域 SEM 形貌

（a）1#铜涂层；（b）2#铜涂层；（c）3#铜涂层。

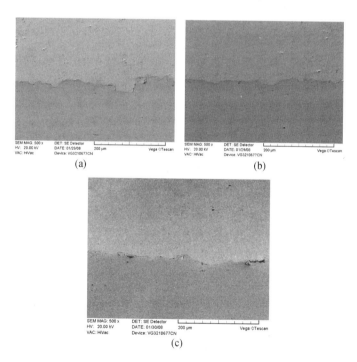

图 8.9 1Cr18Ni9Ti 基体上铜涂层结合区域 SEM 形貌

（a）4#铜涂层；（b）5#铜涂层；（c）6#铜涂层。

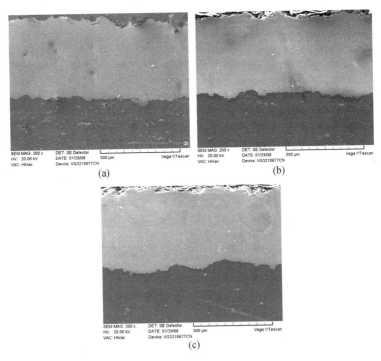

图 8.10　LY12 基体上铜涂层结合区域 SEM 形貌

(a) 7#铜涂层；(b) 8#铜涂层；(c) 9#铜涂层。

　　在冷喷涂中，基体对涂层的结合强度有很大的影响。塑性粒子碰撞硬基体时，粒子发生变形，变形量大，而基体表面很难产生变形，相反，塑性粒子碰撞软基体时，粒子变形的同时基体表面也发生变形，产生了粒子基体表面之间的嵌合，有利于获得高结合强度的涂层。由于 LTHVOF 与冷喷涂的粒子沉积过程与特性类似，这一现象也适用于 LTHVOF。

　　图 8.11 为拉伸试样拉断后涂层样 B 的表面形貌，断裂面在涂层与基体的结合界面上，但是，铜涂层在基体上有较多的残留，由结构与能谱分析可知，其中，白色区域为铜涂层，黑色区域为铝基体。

　　图 8.12(a) 为残留铜涂层的断裂面，为塑性断裂特征，粒子边界完整，断裂位置为粒子内部。图(b)为粒子及周围区域，高速飞行的铜粒子嵌入了铝基体内，铝基体表面出现了较多的韧窝。这种现象只是在铝基体上出现，45 钢与不锈钢基体上则没有出现涂层残留，拉伸断裂时直接从结合界面完整地剥落。

　　在冷喷涂中，不少学者发现在轻金属基体(铝、镁合金)上制备塑性涂层(锌铝合金、锌、铜)时，涂层与基体的结合区域出现强烈的"机械合金化"(mechanical alloying)或"互锁"(interlocking)现象，由于喷涂粒子速度高，动能大，撞击基体的过程中，引起基体的大变形，形成"旋涡"状结合区域，粒子的动能转化为热能，引起粒子与基体之间的元素扩散，甚至出现微冶金结合。从铝基上铜涂层的

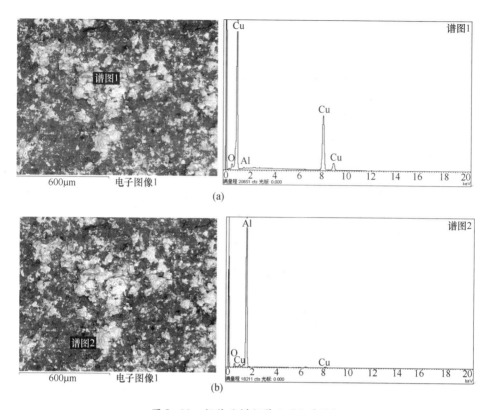

图 8.11 拉伸试样断裂面（铝基体）

（a）涂层区域能谱；（b）基体区域能谱。

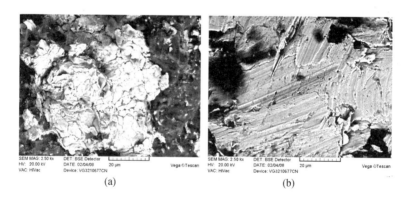

图 8.12 残留铜涂层的断裂面

（a）涂层断裂面；（b）涂层与基体结合区域。

断裂面形貌与特征可以看出,涂层受到拉应力时,在涂层与基体的部分结合区域,断裂没有沿粒子边界,而是粒子内部,且结合区域基体有剧烈的变形,这与部分学者的试验有相似之处。高速飞行的粒子撞击塑性基体表面时,粒子与基体均产生很大的变形,对粒子与基体的结合产生了较大的作用,在局部区域,形成的涂层的结合强度超过了内聚强度。

图 8.13 为铝基体上铜涂层车削加工时形成的切屑,试样为圆柱样,车削位置为涂层与基体的结合区域。由图可知,在结合区域,将铝棒切削后,尚有部分铝残留在结合面上,说明涂层与基体结合力高,部分结合区域的结合力大于车削时的切削力;铜涂层所形成的切屑在形态上与铸造铜材的切屑类似,形成了连续的圆环状,类似塑性材料的切屑,但是,涂层的切屑脆性较大,切屑受外力时容易发生断裂。制备涂层的铜粉末粒度大小约为 15 ~ 45μm,而形成的切屑最长达20mm 以上,说明涂层内粒子间结合好,粒子间的边界区域结合力强,在切削力的作用下,切屑没有在粒子间结合界面断裂,而是形成完整的多层圆环。

图 8.13　LY12 基体上铜涂层的切屑

车削 45 钢与不锈钢基体上的铜涂层时,涂层完整的从基体上剥离,没有发现涂层残留在基体上,形成的切屑的长度也短得多,这充分说明基体类型对涂层的结合有较大的影响。

喷涂参数相同时,铝基体上铜涂层的结合强度要高于 45 钢、不锈钢基体铜涂层,这主要是因为涂层的结合强度不仅与粒子本身的特性有关,还与基体特性相关,相对于铜而言,铝基体较软,而 45 钢、不锈钢基体较硬,高速飞行的粒子撞击基体过程中,塑性粒子高速撞击刚性基体,粒子扁平、变形铺展于刚性基体表面,而当塑性粒子高速撞击软基体时,塑性粒子嵌入软基体中,同时塑性粒子变形。因此塑性粒子与软基体形成的涂层结合强度要高于塑性粒子与刚性基体形成的涂层。

8.5　涂层导电性能测试与分析

材料的电阻和电导率的测量通常采用电桥法和涡流法,电桥法最适宜于测量导线类的细长导体,对于涂层,由于接线端子与铜涂层的可靠连接比较困难,且接触电阻较大,因此,本试验采用涡流电导率仪对铜涂层的电导率进行测试,其测试结果如表 8.4 所列。

表 8.4　铜涂层的电导率(m/Ω · mm²)

试样	测量值	平均值（扣除漂移）
标准样 紫铜	58	58
标准样 黄铜	7	7
铜涂层 1#	49 49.5 50 51 48.5	44
铜涂层 2#	40 40.5 42.5 41.5 42	35.7
铜涂层 3#	37 36.5 35 34.5 34.5	29.9

表 8.4 中的标准样为直径 25mm、厚度 5mm 的圆柱样。涂层样的制备过程为:在 45# 圆棒样的端面喷涂铜涂层,厚度大于 5mm,然后车削成直径 25mm、厚度 5mm 的圆柱样。

由测试结果可知,随喷涂工艺不同,纯铜涂层的导电性能大约为紫铜的 0.5 ～ 0.75 倍。喷涂工艺对涂层的导电性能影响较大,喷涂距离越大,导电性能越低,由涂层的显微结构可知,随着喷涂距离的增大,涂层的致密度降低,孔隙增多,因而涂层的导电性能下降。

8.6　小　结

本章利用低温超音速火焰喷涂设备制备了一系列的铜涂层,通过对铜涂层性能的测试,得出以下结论:

（1）低温超音速火焰喷涂技术制备的铜涂层,组织均匀致密,呈层状结构,涂层内几乎无氧化物存在,验证了低温超音速火焰喷涂技术可制备无氧化物金属涂层。

（2）不同基体制备的涂层孔隙率相差不大,但结合强度相差较大,密度法测试的涂层孔隙率约为 1.5%,软基体制备的涂层结合强度大于硬基体,不锈钢基体铜涂层的平均结合强度为 18.83MPa,45 钢基体铜涂层的平均结合强度为 17.47MPa,铝基体铜涂层的平均结合强度为 32.14MPa。

（3）涂层的导电性能最高可达纯铜的 70%。

参 考 文 献

[1] 崔昆. 钢铁材料及有色金属材料[M]. 北京:机械工业出版社,1980. 414 - 416.

[2] Raletz F, Ezo' o G, Longwy L, et al. Characterization of cold - sprayed nickel - base coatings [C]. ITSC 2004.

［3］ Wielage B, Podlesak H, Grund T, et al. High resolution microstructural investigations of interfaces between light weight alloy substrates and cold gas sprayed coatings［C］. Proceedings of the 2005 International Thermal Spray conference, Basel, Switzerland, 2005.

［4］ Xiong T, Bao Z, Li T, et al. Study on cold – sprayed copper coating's properties parameters for the spraying process［C］. Proceedings of the 2005 International Thermal Spray conference, Basel, Switzerland, 2005.

［5］ Richer P, Jodoin B, Taylor K, et al. Effect of particle geometry and substrate preparation in cold spray ［C］. Proceedings of the 2005 International Thermal Spray conference, Basel, Switzerland, 2005.